兵頭二十八

世界の終末に読む軍事学

パズルのピースは埋めておけ

並木書房

まえがき——すべての地球外文明もAIとともに滅んでいる？

成功した米国の起業家にして超富豪であるイーロン・マスク氏（1971年〜）は、有人宇宙船による火星探査、そしてさらには火星への人類の《移住》に対して終始一貫、並々ならぬ意欲を示しています。

その根本の動機について本人がこう語っています。

地球人類がなにかの拍子で将来滅亡するときに、それまでの人類の営為や文明がぜんぶ宇宙から消えてしまう。それを考えると、とても残念であるから、今から、地球外の惑星——そのひとつとして火星——に人類文明を移植しておいて、宇宙における人類史の継続を図りたい……のだそうです。

このように、絶滅して無に帰してしまうことを嫌忌《けんき》する感情は、ひとりマスク氏にかぎらず、一神教圏では、総じて強いのではないでしょうか。

人類が二酸化炭素を排出しなくても、地球の深部からとつぜん大量の有毒ガスが噴出することもあるだろう。そうなっても一部の人々は、生き残るつもりでいる。（イラスト／Y.I. with AI）

ところで、ここで私は、《確率を計算すれば必ず兆候もあるはずの宇宙人が、見当たらないのは何故か？》と問うた「フェルミのパラドックス」につき、あらためて考察を試みたいのです。

エンリコ・フェルミ（1901～54年）は、戦前のイタリアから米国に渡り、原爆の開発にも重要な貢献をした、ノーベル物理学賞受賞者です。

そのフェルミが1950年の夏、ロスアラモス国立研究所の数名の同僚科学者たちと、世間の関心が高い「空飛ぶ円盤」が登場するSFをめぐって、食堂で座談に興じたそうです。

「空飛ぶ円盤」なんてものは本物じゃなかろうという意見で一同の見解は一致しました。が、フェルミは、「ならば、彼らはどこにいるんだ？（なぜ宇宙人はまったくわれわれに対して存在を表示しないのだ？）」という鋭い問いを投げかけたといいます。

フェルミは若いときから統計学の偉才として名前が轟いていたそうです。フェルミは、全宇宙に過去から今まで存在した地球型惑星の総数を頭の中で概算し、数学的に推理すれば、地球人よりも技術が優った知的文明がおびただしく過去から現在まで存在しているはずである、と考えました。

しかるに現実には、そんな宇宙人の誰ひとり、地球を訪問した痕跡も無いのみか、通信連絡を試みている気配も感受されていない。これは統計学的には説明がつかぬ——と、フェルミはいぶかしんだようです。

私は、この「フェルミのパラドックス」は、次のように考えることで、《謎》でなくなるのではないかと思っています。

手先が器用で知力を発達させた宇宙人は、運が好ければ、みずからの居住惑星そのものをいともかんたんに破滅させてしまうスーパー兵器の発見よりも早く、その惑星住人たちの食糧やエネルギーの不足問題——すなわち住民間の争いの原因——をすっかり解消してしまう何らかの技法を、発明し、実用化し、改善しつつ普及させ得たことでしょう。

じぶんたちの「飢餓」の恐れや悩みから工学的にじぶんたちを解放できた宇宙人は、同じ惑星の住人間で「権力」を競い合う必要がなくなったはずです。

……この機序《きじょ》ですが、もっと意味を噛み砕いて説明をいたしませんと誰もピンと来ないかと思います。のちほど、本文のページにて、合点をしていただきましょう。

さて、大量破壊兵器による自滅を運よく免れ得た、おびただしい数の過去の宇宙人文明は、おそらくコンピュータも発明したでしょう。とすると、そこから「AI（人工知能）」へ技術がステップアップするのも、時間の問題だったでしょう。

いったい、「欠乏の恐怖」を解決し、AIも手にした知的生命のあつまりは、そのあと、どこへ向かうものでしょうか？

私には、ある惑星の文明がそんな段階にまでも達したなら、どんな「知的存在」であれ、「幸福な自己消滅」にたどりつくのが避けられぬ運命であるように思えるのです。

なぜといえば、すでに彼らは「生きる苦労」からは解放されてしまった存在でしょう。文明によっては「寿命」と「老衰死」からも解放されるに至るでしょう。AIにアシストされた生命工学は、そこまで前進せずにはおかないものだと、わたしたちにも想像ぐらいできましょう。

遂に「死」を追放してしまった生命集団にとって、「現世的な欲」のありようは、それ以前とはガラリと異ならないではおかぬはずです。

旧《ふる》い、権力闘争が必要な、飢餓や災難死があり得た環境下では、「地理的好奇心」が個体や種の「生き残り」にプラスの貢献をしてくれたかもしれません。

しかし「死」がなくなっている新環境では、「地理的好奇心」が社会にとって本当に有益なのかどうかが、そもそも、疑問です。おおかたにとって、じぶんたちの惑星の外側のことなどは、もうどうでもいいとみなされる蓋然性がありはしないでしょうか。じっさい、どうでもいいはずです。

そうでありながら、住民の「生き残り率の向上」にほぼ無関係らしく思える「宇宙探査の企て」に、果たして誰が、労力や資金をわざわざ提供しようとするのでしょう?

そのかたわらで、発達したＡＩは、惑星住民たちに、この上ない「バーチャル娯楽」を提供してくれているはずです。

想像してみましょう。

現実の冒険をせず、安全な自宅内で、リアルな活動よりも確実に気分が高揚して、文字通り五感を通じた満足が得られる「疑似体験」を堪能したいと欲すれば、それは即時・無制限に叶《かな》えられるのです。かつてなかったレベルの夢の世界が常時、そこに存在するというのに、個人や社会が、わざわざ醒《さ》めた頭でホンモノの辛苦《しんく》を受忍しようと動く意義も必要も、理解はされなくなって行くでしょう。

ユーザーの脳神経巣にダイレクトに信号を送り込むインターフェイスを介して、ＡＩが無料に等しい価格で与えてくれる娯楽のバーチャル体験は、今のわたしたちの想像力の向こう側にあるレベルに違いありません。ユーザーが好みで選ぶ「夢の宇宙体験物語」のコースだけでも、無限のバリエーションが生成されるであろうことは、容易に想像はできますけれども……。

それに対してリアルの宇宙探査事業ときたら、社会にはさまざまなコストを負わせるし、面倒で、むしろ生身の惑星住民には迷惑なものかもしれません。未来の社会は、そんな逸脱的な敢為《かんい》を歓迎しないでしょう。

宇宙人は、種として長生きをすればするほど、他星人を探したりコンタクトをとったりする必要を感じなくなる宿命なのです。AIが、それよりはるかに刺激に富み、しかも絶対安全で誰にも迷惑などかけない快楽を、ふんだんに提供してくれるようになってしまうからです。

未来のAIが生成するバーチャル体験は、リアルの旅行や恋愛以上に現実感が満ち溢れ、と同時に爆発的で、圧倒的でしょう。なにしろ、脳内にフルセットの五感信号を直接生成させるのですから。就寝中に夢を見ているわたしたちが、「これは夢だ」となかなか気付くことができないように、未来のAIが提供する「体験」は、リアルと遜色がないどころか、その数倍の「超体験」でしょう。

時間ばかりかかって、変化し続けている無限大の宇宙の中の一切片《せっぺん》を承知するにすぎない、そんなリアルの宇宙探査など、馬鹿々々しいと思われ、顧《かえり》みられなくなるのが、むしろ自然な帰着であるように、私には思われます。これが過去の宇宙人たちのひとしなみに辿った運命であり、未来のわたしたちが辿る宿命なのです。

「個人」が死ななくなったとたんに、「生きる」意味は消えます。有限資源をめぐって他者と争う必要も、子孫を残す効能も、所有物や支配地を増やす動機も、「名誉」や「恥」すらも消えるほかにありません。

ＡＩが創ってくれる仮想現実の中で、個人が安全に無限の享楽に浸り続けることができるのに、どうして面倒な実在他者への関心などが維持され得るでしょうか？　リアルの隣人・社会・隣国には特段の意味などなくなったというのに、わざわざ遠くの惑星を探訪にでかけるコストや危険を、誰が褒《ほ》めたり合力してくれるでしょうか。その探査チームの報告に耳を傾けてくれる聴衆など、もはや地球のどこにもいやしません。異星人の快楽システムが地球人と異なっていることだけは、確実でしょう。それらすべて、もはや個人の快楽に役立たない、無限に大量なゴミ情報なのです。

死なない生命は、すでに生きてないのと同じでしょう。かつて西洋のＳＦ作家や未来学者たちが想像し得なかった形で「シンギュラリティ（文明進化の特異点）」は来ます。そこから先の人類は「死」と無縁になり、その瞬間から、われわれは「生」とも無縁になるのです。

このように長期の人類の運命を大観した上で、本書は、そうなる前の、暫《しば》しの時節の「安全保障」を、考えてみたいと思うのです。

目次

まえがき――すべての地球外文明もＡＩとともに滅んでいる？　1

第１章　戦争の発生　13

戦争はなぜ起こるのか？　13
古代人類は、なぜ古代文明を築く必要があったのか？　24
国防とは何の関係もなさそうな「ピラミッド」のような建築物を、なぜ古代エジプト王朝は巨費を投じて建設したのか？　27
古くからの先進文明を誇ったペルシャ帝国はなぜ砂漠出身のアラブ人の支配を受け、イスラム化したのか？　33
中国の儒教は、どんな権力風土に奉仕したのか？　37
儒教はどうして近代の国際政治と折り合いがよくないのか？　44

どんな人が「リーダー」として集団を支配したり指導するのだろう？　50
どのようにして戦争は終わるか？　55
なぜ戦争はこの世からなくならないか？　56
そもそも政治とは何か？　58

第2章　戦争の指導　62

弱そうな小国に何か要求をつきつけ、それを呑ませ、相手をして長期の持久抵抗には訴えさせない、うまい算段はあるだろうか？　62
モンテスキューは、国家と国民を勝たせてくれる政体についてどう結論したか？　65
大市場を抱える近隣国との経済的なつながりが深くなれば、その侵略から、わが国を守る必要は、なくなるだろうか？　69
なぜ国や自治体にとって「市街の不燃化・難燃化」は優先政策に位置づけられねばならないか？　77
ロボットや、それを動かすＡＩが、それを設計した人間に反乱したり、人類全体を支配しようとする未来は、来るだろうか？　83
戦争はどのようにして起こらなくなるか？　86
一国の戦争指導部は、エネルギーの生産・貯蔵・搬送・流通に、どのていど配意するのが正しいのか？　87

第3章　台湾をめぐる攻防

台湾をめぐる攻防　114
なぜ米ソ冷戦後、北京政府は台湾を征服したがるのか？　114
なぜ２０３０年代に向けて台湾をめぐる米中緊張は高まらざるをえないか？　126
ロシアと中国のどちらが、対日戦争能力が大きいのだろうか？　132
中国は本当に戦争を開始するだろうか？　134
中華人民共和国は、わが国や米国とは近代的な価値観を共有していないのか？　137
日本国民が合意している価値観は西洋近代と共通なのか？　139
中国は現代世界のパワー・バランスを変更できると考えているのだろうか？　140
米国と中国は、いずれ戦争しなければならないのだろうか？　144
マッキンダー地政学が予想した「全ユーラシア大陸の制覇」は、簡単なことだろうか？　149
「認知戦」は、いつから始まったのだろうか？　151
なぜ中国はベトナムの支配にてこずってきたのだろう？　152
「米ソ冷戦」の終焉は米中関係をどう変えたのか？　161
将来の米国政府が、中国市場を重視するあまり、中国べったりの路線を選ぶことは、あるのだろうか？　166
米軍はこれから先の数年間、どのようにして中国軍の海洋進出に対抗しようと考えているのだろうか？　173

米軍の「エアシー・バトル」ドクトリンは、台湾の防衛に関しても適用されるのだろうか？　180
ペンタゴンは、日本列島の上にミサイル部隊を布陣させたいと思っているのだろうか？　186
中共による台湾武力占領シナリオにはどんなものが考えられるか？　191
米有力シンクタンクは、台湾防衛に向いたハードウェアとして何を挙げているか？　205
「安保・防衛3文書」とは何か？　211

第4章　無人機は未来戦争を支配するのか　220

低速の自爆ドローンや、非ステルスで亜音速の巡航ミサイルをこちらがいくら放っても、中国海軍の軍艦はノー・ダメージ？　220
米軍は、台湾をめぐって中国軍と開戦した暁には、何を最も優先するつもりだろうか？　225
日本の政党や公人が、武器輸出を悪いことのように主張することがあるが……？　229
罹災地へ届ける救恤機材にもなり、地域の防衛部隊を補強する機材にもなるアイテムには何があるだろうか？　231
今日の戦場で、古めかしい「サイドカー」のような車両に、アドバンテージはあるのだろうか？　237
少子化のこれから、「人的潜在力」をどのように活用することが、人々を安全にする道だろうか？　244

戦車はドローンの前に価値を失っただろうか？　251
まず市販のＤＪＩ製クォッドコプターが「爆撃機」に改造された　252
旧式戦車は、移動砲台として役に立つ　254
精兵の数が足りない国家は、ひたすら砲兵を強化すべし　256
長距離片道自爆機の成功作「シャヘド１３６」　258
ＵＡＶを安く量産できない国は敗ける　262
西側製の戦車も、現代戦場では生き残れなかった！　265
戦略報復兵器を援助してくれる外国など、どこにもない　269
ボール紙製の特攻無人機も登場！　273
現代国家は砲弾をマスプロし難い理由がある　277
電子妨害を無効化する「マシン・ヴィジョン」　279
光ファイバーを10㎞繰り出しながら飛べるＵＡＶ　287

あとがき　289

第1章　戦争の発生

戦争はなぜ起こるのか？

もし地球上にたったひとりの人間しか住んでいなければ、永遠に戦争など発生しません。

しかしこの惑星には、ある時点いらい、ホモサピエンス（新人）だけでも常に1万人以上もいて、その「人口」は長期的に増える一方でした。

わたしたち人類は、小集団や大集団をさまざまにつくることで、絶滅を免れ、活動圏を地球の全陸地と全海洋に広めて、今日の個体数（人口）の大隆盛《りゅうせい》を果たしています。

あなたがもし北極圏でたったひとり、暮らしていたとしたら、どうやって、近寄ってくる熊や狼やクズリ（寒地適応した猫科の肉食獣）を、遠ざけたらいいでしょうか？

ひとりだけで自然の中に暮らす人間は、他の動物から、襲撃されたり捕食される危険に、連日、昼も夜も、直面しなくてはなりますまい。しかし人間が集団で生活するならば、そのような危険は、ほとんどなくなったであろうと考えられます。

一定以上の数の集団であったならば、人間には確実に、しかも比較的に簡単に、猛獣を撃退することが可能だったのです。げんに今日、クズリも狼も白熊も、もし現代国家が法律によって積極的に保護しなかったなら、またたくまに、人間たちがかける狩猟圧／駆除圧のせいで、絶滅させられてしまうでしょう。

さいきんの数万年のうちに、地球人口は80億人（2022年の値）に増えました。この事実は、人間たちが集団をつくり、その集団を保つことが、生き残りの役にとても立っていることを示しています。

しかし、気になりませんか？

他の動物をおそれる必要がすでにぜんぜん無い、今日の人間たちは、どうしてもっと早いペースで、もっとたくさん、人口を増やさないのでしょうか？　80億どころか、800億人くらいいたって、べつにおかしくはないような気もします。

けれども、そうはなりません。

それにも、理由があるはずです。

土地が自然に恵んでくれる諸資源とくらべて、その土地を利用している人間の数が一定割合以上に増えたとき、そこでは、人間が人間に対して「害獣」のような作用と影響を与え始めるためです。

そうなってしまったあとの人間たちは、長い長い時間をかけて、特定の地域で暮らせる人間があまり増えすぎないように、さまざまに人口を抑制する競争や習慣を編み出しました。今この時にも、少数の人は、意識的にその競争に励んでいます。また多くの人びとはほぼ無意識のうちに、その習慣にしたがっているのです。

いちど、大昔の地球のことを、想像してみましょう。

かつて、いつとはわからないあるとき、地球上のある土地では、小さな規模の人間集団が、ほとんど労働をしなくても暮らせるだけの、天然資源や自然産物の恵みを得ることのできた《楽園》時代が、あったはずです。

今から1万5000年前、氷河期が終わって地球が温暖な気候に転ずる境目ごろの中東が、まさにそうであったという人もいます。自然に成った木の実を採集するだけで十分に暮らして行けた時代が、数十年以上も続いたのだとしたなら、その時代の記憶が、あるいは楽園伝説の形で、人々に語り継がれるかもしれませんよね。

ところが、そんな天国のような安楽な居住環境は、けっして長く続きはしません。長続きせぬ理由は、大きく三つあります。

ひとつは、長い生物進化の過程で絶滅をまぬがれてきたヒトの各個体には、強烈な生殖本能がある

資源が豊富で人口ゼロの土地に最初に移住した人類は、そこに楽園を見たはずだ。しかし万物は流転する。気候は人類とは関係なく常に変動してきた。（イラスト／Y.I. with AI）

ことです。そのため、そこに集団が存在すれば、人口を増加させようとする指向が発動せずにはいません。

限られた土地の天然資源や自然産物は、その利用可能量や年産量が有限です。それに対して人口は、いったん増え始めますと、増加ペースは速い。たちまちにして、天然資源や自然産物を労せずして共同享受できた人口密度を、超えてしまうのです。

そしてそうなっても、人が増えるいきおいが止まりません。年々のその集団の産児数には、すぐにはブレーキがかからないのです。

その結果、まず嬰児や幼児が栄養不良から早世するという「人口調節メカニズム」が働き出し、ついで、成人が栄養不良や飢餓に苦しむようにもなるのです。

そうなって以降の住民たちは、誰に言われずとも、めいめいで「権力」を追求するでしょう。「権力」には、「飢餓や不慮死の可能性からの遠さ」という一面があります。

あなたは労働すること（遠征採集、狩猟、遊牧、農耕、その他）によって、増えた子どもたちに必要な量の食料を得る（生産する）ことができるでしょう。

が、その労働に時間と体力（栄養）を割かれる結果、あなたは原初の《楽園》生活時代ほどには、多数の子どもを成人させることが楽ではないと感ずるでしょう。

またその労働にはさまざまな危険もリスクとして伴います。あなたはいまや、不慮死の可能性とも、隣り合わせに生きるしかありません。

またあなたは、隣人から食料を強奪したり、資源の競合消費者である隣人を遠い地へ追いはらってしまったり、隣人を餓死に追い込んだり、隣人が食料不足から子どもを成人させられないような社会制度に加担したり、あるいはみずから婚姻を諦めたり生殖や子育てを断念するような選択をすることによっても、特定の身内やじぶんひとりのサバイバルを図ることができましょう。

ただ長期的には、多数の子どもを成人させることで、あなたの家族は他集団からの攻撃に対して一層安全になります。それどころか他集団から資源を奪えるようにもなり、またあなたの老後の権力も安泰化すると期待できる場合が多いでしょう。

そこであなたは、可能な範囲で、婚姻と生殖のチャンスを最大化しようとするでしょう。

「いい男」「いい女」は、婚姻と生殖のチャンスが比較的に大きくなります。それは社会集団内で世々代々、是認されている風潮ですので、7歳を越える頃からあなたは、じぶんの外見やふるまいにも気を配らずにはいられないように周囲から誘導されるでしょう。畢竟《ひっきょう》、「人気」「評判」は、権力に直結するといえます。

周りから好意的に注目されている人は、人々から常に気にかけてもらえます。飢餓や不慮死の可能性からは、いっそう遠くなる、と期待してよいでしょう。

さて、《楽園》の暮らしが永遠には続かない、二つ目の理由は、《楽園》の外部に棲む、他の人間集団から、目をつけられてしまうから――です。

誰しも、もしどこかに、衣食住をはじめとして生活の心配がいっさい要らない天国のような土地があったなら、「じぶんもそこに棲みたい」と希望し念願するのは当然です。

しかし、その立場を《楽園》の既得権者、先住のインサイダーたちに替えてみると、迷惑な話です。

余所者《よそもの》が《楽園》内に勝手に流入することを許せば、たちまち前述の「消費人口増による天産物の飽和」という現象があらわれてしまいます。住民は「権力」を求めるしかなくなるでしょう。すなわち、労働をするか、山賊的な私的集団を結成するか、強者の子どもは成人できるが貧者の子どもは飢えのため成人しないという社会制度を肯定するか、などの営為を強いられることになり、その挙句として、《楽園》はあっというまに楽園ではなくなってしまいます。

外部集団の入境を、実力によって拒止し排除する――という方策もあり得るのですが、そのためには仲間の多人数が団結して「軍事警察組織」のようなものを機能させる必要があります。もしそれ以外の手段で《楽園》内の個人や集団の権力を防衛しようとしても、その試みは比較的に、安全ではなく、安価でもなく、有利でもないと、人類は繰り返し、経験をさせられてきました。

外部集団の方でも、軍隊を編成して《楽園》に侵入し征服しようとするでしょう。非組織的な、緩《かん》徐《じょ》な浸透方法が不可能であるならば、残された方法として、組織的に強行してしまうことに、成功のチャンスが見込めるからです。

あるいは、「殺してやるぞ」と脅かして、その《楽園》から、あなたがたを追い払おうとするかもしれません。もし口先でちょっと脅かすだけで、その楽園を爾後《じご》ずっとひとりじめできるのなら、アウトサイダーにとってはそれはすこぶる「安全・安価・有利」でしょう。

とは言っても、現実は甘くありません。《楽園》の先住民は、脅かされても、簡単には立ち退きたがらない場合が多いのです。

そうなりますと、やはり軍隊を結成して楽園を侵略することが、その外部集団の全構成員または一部の支配的影響力がある中核集団の権力にとって、いまや比較的に「安全・安価・有利」な選択コースであると、集団内でコンセンサスが固まるでしょう。

もちろん、成否の見通しが、彼らの頭の中で、幾度も計算され、討議されるはずです。そしてひとたびそれが「安全・安価・有利」な道である、と思われたならば、もうその軍事侵略は、かならずや試みられずには済みません。

かたや《楽園》を防御する側としては、アウトサイダーがもし軍事力によって《楽園》を征服しようとかかってくるなら、その行為はアウトサイダーたちにとって「危険」で「高価」で「不利」になるぞ、と、なんとか、思い知らせるしかありません。

2022年10月、ウクライナの特務機関はクリミア半島にロシア本土から油脂類を補給する一大幹線であったケルチ大橋を爆装トラックによって大破させせることに成功した。作戦の詳細はいまだに明らかではない（写真／ウクライナ系のSNSより）

できることなら、それを、戦争が始まる前に、敵集団の頭の中でシミュレーションさせてやりたい。それがいちばん「安全・安価・有利」ですが、どっこい侵略者の側では、仲間集団の士気をかきたてて統率を効率化するため、客観的事実とは遊離した「部内宣伝」を打ちますので、けっきょくは血まみれの実戦を通じて双方がまのあたりに損得を体感させられ、その身体で思い知るまでは、侵略の野望はしりぞけられることがない——というのが万世かわらぬ現実です。

したがいまして《楽園》の内部ではよんどころなく、防衛軍の建設と維持のため、原初にはその必要がなかった余計な労働を、始めなくてはなりません。

かくして、《楽園》は、それが外部の集団から目をつけられた瞬間に、《楽園》ではなくなってしまうという運命も定まるのです。

《楽園》の暮らしが永遠には続かない、第三番目の理由として、この地球の海洋・大気・陸地の自然環境が、変動し続けるという宿命も、閑却《かんきゃく》はできません。

たとえば太陽の黒点活動の強弱には周期があります。それは地球まで届く熱量を、短・中期的に変動させて気候を攪乱させ、じっさいに過去、長期的に平均海水面を幾度も甚だしく上下させてきました。

地球の公転周期や、地軸の傾きすら、一定不変ではありません。

地球の深部にはマントル対流があります。それがエネルギー源となって、海底や陸地を隆起させたり沈降させたり、海底火山から有毒ガスを大噴出させたり、さらには地磁気のパターンを変えてしまったりもします。地磁気には、生命にとって致死的な「太陽風」を大気圏外でブロックしてくれる働きがありますので、その変動は、現存の地球生物全般を脅やかさずにはいないでしょうね。

大気の組成も、歴史的に変化し続けているようです。過去には今よりも二酸化炭素がずっと多い時代があり、また、今よりも酸素濃度がはるかに高い時代もありました。それにともない、生物界の相貌もまた、静止することなく、変容し続けてきたのです。

地形や気象や紫外線強度等が一変してしまったら、動植物とともに、棲《す》んでいる人も、前と同じではいられません。

たとえば、5000年前の青森県の平均気温は、今の宮城県南部と同じくらいであったのに、そこから次第に寒冷化したことで、「三内丸山」遺跡に見られるような縄文人の大集落は、消滅しました。

ぎゃくに、2万2000年前までさかのぼりますと、今の大阪府あたりが、今のシベリアと同じくらい寒かったこともわかっています。どうも、そこから徐々に温暖化したことで、《楽園》にかなり近い「縄文時代」が到来したようなのです。

ヨーロッパで「ネアンデルタール人」が消滅したのが、今から2万年ないし4万年前であったと考えられています。気候がとても悪くなったとき、彼らは、よりよい環境の土地へ移り棲むことができずに、逐次に人口を減らし、イベリア半島の洞窟の中などで、ひっそりと消滅して行きました。

よりよい環境の土地には、すでに別な競合者集団――多くは現生人類――が棲みついていて、その恵まれた土地を、ネアンデルタール人を含む外部集団に対しては、あけわたさなかったのでしょう。それでも、もしネアンデルタール人が、新式のすぐれた武器や戦術をすぐに編み出せるような機転がきいたのならば、むりやりにも好い土地を奪えたでしょうが、そうした創意工夫の能力では、ざんねんながら現生人類の方が、一枚上手であったのだ、と考えられています。

古代人類は、なぜ古代文明を築く必要があったのか？

チグリス川とユーフラテス川に挟まれたメソポタミア平野では、紀元前5500年頃から灌漑農業が始まり、紀元前3500年頃には、農耕（麦畑作）に基礎を置く世界最初の都市文明が成立しました。

そのきっかけですが、気候の寒冷化にともなう土地の乾燥化（砂漠面積の拡大）であったことが、ほぼ確からしく推定されています。

地球の公転軌道が変動したり、太陽の黒点活動が不活発になりますと、地球が受け取る熱エネルギーが長期的に減少します。

地球の各地に散らばって暮らしていたすべての人々にとり、それまで比較的に温暖であった土地が、数百年のスパンで、どんどん寒くなるばかりとなったら、どこかで従来の生計の立て方をガラリと変更しなくては、破滅的な飢餓に近づくばかりだと誰しも思ったでしょう。

そこで中東地域の人々は、いくら気候が乾燥しても決して涸れなかった2本の大河――ユーフラテス川とチグリス川――に挟まれた流域に、しぜんにあつまったのでしょう。その地形が「メソポタミア」と呼ばれるのです。ギリシャ語で「川の中間地」という意味です。

乾燥化によって、天水（自然降雨）だのみの麦畑をいとなみやすい土地は減っています。他方で人口密度は増していきます。なにか革新的な生産術を編み出さぬかぎり、おおぜいの人が飢えてしまうでしょう。

彼らはそこで、乾燥した地面に、人工の用水路によって自然河川から、麦が育つのに必要な水を導引してくる「灌漑畑作」をためしてみました。

さいわい、メソポタミア地方は曇天が少なく、日照時間がじゅうぶんに長かったので、農業用水さえ得られたならば、少しばかり寒くなっても麦作にはさしつかえがありませんでした。……というか、その条件でもよく育つような麦の品種を、時間をかけてセレクトしたのでしょう。

偶然にも、大麦や小麦は、灌漑と組み合わせますと、天水だけを頼った粗放農法の反収《たんしゅう》の、数十倍の収穫を得られる作物でした。

投入した労力を養う以上の穀物を毎年のように収穫することができるとなったら、誰もがそれを模倣するでしょう。

すぐに問題が浮上します。大量の余剰の生産物は、どこに貯蔵するのが、安全で有利でしょうか？灌漑用に整備した水路網を使えば、小舟を使って広い畑地から穀物をどこかに輸送するのには、それほど苦労はしませんでした。

彼らは、盗賊対策や凶作年への備えとして、安全な「共同穀物倉庫」を発明したに違いありません（小さいピラミッドのようなものだったかもしれません）。そこが「町」の中心で、都市の核だったでしょう。

人々は、その穀物蔵を常時、見張っている必要があったでしょう。それには、農業事業者たちのあいだで、役割の「分担」をするのが合理的でした。「専従公務員」がそこにいると便利だということがわかり、そこに商人もあつまり、次第に「大都市」が形成されたのでしょう。

倉庫の規模が大きくなるにつれて、その倉庫を警備し保守するといった公共サービスに専従する人もたくさん雇っておくことが「安全・安価・有利」だと思われるようになります。余剰生産物の蓄積が大きくなれば、そのような雇用も楽々と可能だったでしょう。こうして原初の都市は逐次に大きくなり、なかでも最も財力や警備力や声望のあった都市が、大河の流域一帯を統制するようになったのでしょう。

この段階になりますと、気候の寒冷化や土地の乾燥化は、むしろ「国防」のたすけになってくれました。

というのは、遠い土地から盗賊団のような異民族がはるばる来襲することは、ほとんどありえなくなるからです。

大軍を陸上で移動させるためには「飲用水」を大量に確保できなければなりません。砂漠気候の不毛の土地が周囲に何百kmもひろがっているなら、それは不可能でした。比較的に酷使に耐えてくれる役畜であるロバやラクダでも、まったくの「水なし」の土地だったら、行き倒れるしかありません。

古代には、兵隊や役畜を満載して自在に海上機動できるような大型船舶の技術も存在しません。河口から外国軍が上陸してくる、などという心配も、まずしなくてよかったのです。

唯一の心配は、河川の上流域から、異民族が時間をかけて来攻することです。敵軍には飲用水の心配がなく、そのうえに、小舟を駆使できる便宜もあったでしょう。

そのような外寇に対処するため、古代都市国家は、町全体を日干し煉瓦の壁で囲み、いつでも、襲来する他国軍よりも多数の守備兵を繰り出せるよう、軍備を万全に整えようとしたでしょう。

都市国家を形成しないでいるよりも、都市国家を築いた方が、人々の権力は「安全・安価・有利」に維持または増進できた。だから、人々は、古代の都市国家を創ったのです。

国防とは何の関係もなさそうな「ピラミッド」のような建築物を、なぜ古代エジプト王朝は巨費を投じて建設したのか?

今日、エジプトの首都カイロに近い観光名所となっている「ギザの三大ピラミッド」は、紀元前2550年頃に築造されました。

エジプトのピラミッドには、「防塁」の機能も、「倉庫」の機能もありません。今日のわれわれから見て、霊廟《れいびょう》を兼ねたモニュメントのようにしか見えぬ塔を、あそこまで大きくしたことにどんな意味があったのか？　むしろ国力の壮大な無駄遣いではなかったのでしょうか？　不思議です。

今から4600年くらいも昔、これらの建造事業を推進することによって、特定の少数集団の、もしくは一国内の多数集団の権力が「安全・安価・有利」に維持されたか、あるいは増進されたのでしょう。そうでなければ、あれだけのものを建造しません。

ナイル川流域では、紀元前3000年頃に、古代エジプト王朝が痕跡を残し始めています。やはり、それ以前の温暖であった気候がとつじょ変わり、土地の乾燥が進んだことで、人々が、サハラ砂漠——それ以前には植物が繁茂していました——には住んでいられなくなってしまい、ナイル流域に集まったのが、古代文明を誕生させる引金になったようです。

ナイル川は、毎夏、9月にかけて増水します。増水期には、川幅が広がり、肥料代わりの新しい泥水が畑の上にかぶさります。秋以降、引いて行く水を池に溜めておいて、それを灌漑に役立てれば、カンカン照りの土地ではありがちな「地中塩分の表土への析出《せきしゅつ》」の害も防げますから、穀物を何年でも続けて連作可能でした。収穫された穀物を、ナイル川の舟運を使ってあつめ、倉庫に保存すれば、そこに巨大な都市もできたのです。

ピラミッドは、寒冷気候からの回復をファラオが太陽に祈る舞台装置であった。急な寒冷化はナイル川の毎年の氾濫幅を激減させてしまい、冠水しない両岸の広い土地が連作不可能になってしまった。（イラスト／Y.I. with AI）

周囲は大砂漠でしたから、外敵が攻めてくることもありません。

いっぱんに、もし地球の気候が徐々にわずかずつ、寒冷化するのであれば、人々には善処する余裕が与えられるでしょう。しかし、その寒冷化のペースが、紀元前２７００年頃から２５００年頃にかけては、とつぜん、急になったようです。

だいたい紀元前２６００年の地球平均気温が、西暦５００年の地球平均気温と同じだったとわかっています。

西暦５００年頃から８００年くらいにかけては、地球はさらに冷え込んだものですが、紀元前２６００年の場合は、そこが「低温化の底」でした。そこからしばらく、地球気温はＶ字上昇傾向に転じてくれたのです。

どうも、古代エジプト人が初めて石積みの巨大ピラミッドの建築を決意したのは、この「低温化の底」のタイミングであったようです。

まず紀元前2650年頃、サッカラ（やはりカイロの近く）に、ジュセル王の《階段ピラミッド》が築造されました。

続いて、メイドゥムに、スネフェル王の《崩れピラミッド》が建てられます。まだ工法が未熟で、積み石の一部が荷重に耐えられずに割れ砕けた姿で、それでも今日まで遺っているのです。

紀元前2600年頃、ダハシュールに、スネフェル王の《屈折ピラミッド》と《赤ピラミッド》が建ち、この《赤ピラミッド》で、設計施工のノウハウはほぼ大成したといわれています。

そして紀元前2550年頃、ギザに、クフ王らの三大ピラミッドが並び建ちました。そのひとつは空前絶後の巨大サイズです。しかし、これより以降は、ピラミッドのサイズは、まるで小さくなってしまいました。

ギザの巨大ピラミッドが竣工したとき、気候はいつのまにか、V字上昇に転じていました。それから300年ばかりも、人々は、気候が少しずつよくなると感じていたはずです。

紀元前2600年と同じ低温にふたたび転落してしまうのは、紀元前2000年頃です。しかしそこからはまた、地球はながらく温暖になります。

エジプト人たちにとって、巨大ピラミッドに託した祈りが天に通じ、望ましい気候がまた戻ってくれたように思えたので、緊張が緩んで、ギザよりあとから築造するピラミッドは小さくなったのだ――と、考えられもするでしょう。「巨大ピラミッドを造らなければいけない」という人々の切迫した集団意識が、あとの代では、薄まってしまったのです。

当時のナイル下流域の住民たちにとり、ナイル川の流量が例年になく減少し、年一回の「定期氾濫」が小規模化し、直後のシーズンの穀物が不作になる原因などは、さっぱりわからぬのがとうぜんでした。今日であれば、それが、たとえばずっと遠い地方の火山噴火が必然的に引き起こした地球低温化現象によるものだ……などといった説明はつきましょう。

でも、当時の人々は、何か不吉な神意のようなものを想像するしかなかったのです。

巨大ピラミッドの時代には、かつてない深刻さの危機意識が、全エジプト人を駆り立てていたのでしょう。とほうもない大きさの人工建造物の傾斜面を滑べらかに仕上げ、その「フラッシュ・サーフィス」の輝きによって、地上に太陽を写しとろうとまでしたのでしょう。長期の寒冷化の趨勢は、それほどに彼らにとっては不吉でした。上下をこぞり、太陽の復活を祈ることに、誰も異存はなかったのです。

古代エジプト人たちは、ながらく砂漠によって周辺の外敵から守られ、定期的なナイル氾濫のおかげで、さして苦労もせずに穀物を連作することができていましたので、おそらく5000年前の世界においての、「自己家畜化」と今日呼ばれる現象の最先端に達した人間集団だったのではなかったでしょうか？　巨大ピラミッドも、奴隷がむりやり労働させられた建造物ではなく、むしろ「自己家畜化」した住民たちの、人間らしい知恵の総力を結集した「新案事業」だったのでしょう。

「働かなくとも食える社会」に近かった天国が、気候の寒冷化のせいで、うしなわれて行くと思われたら……？　なんとかしなくては、と、まなじりを決するのが、人情だったはずです。

おそらくは同時に、「多数の住民を何十年もギザにあつめておく」ことが、エジプト王朝にとって、重要だったかもしれません。

といいますのは、長期の寒冷化は、アフリカ北部海岸の砂漠を広い範囲で後退させ、そこに植生を復活させたからです。それまでは長らくまったく人は定住できず、通行すらも至難であった熱砂の不毛地に、いつのまにか、エジプト人や異民族が住み着いたり往来したりすることが可能になってしまう。それは、王朝にとっては、国防の前提条件の激変でした。

砂漠という天与の防壁が、消失してしまうのですから、それに代わる、何か人為の防備がぜひとも必要になったでしょう。

それで、まず、エジプトのもとからの領民たちが、川筋を離れた遠隔地へバラバラに拡散してしまわぬように、経済的につなぎとめておく必要があったでしょう。辺縁《へんえん》の遠隔地への移住者は、時間とともに、エジプト王朝とのつながりが希薄になり、隣接異民族の手先としてとりこまれるかもしれないからです。

また、遠隔の異民族に対しては、エジプトの中心地にはいつでも大軍を催せるだけの「戦力の供給基地」が常設されているんだぞという宣伝が必要になったでしょう。ピラミッド建造のような大プロジェクトのための労働者村は、そのまま、「大軍動員のポテンシャルのデモンストレーション」となっていたはずです。屈強の労働者たちに武器を支給すれば、即日に大部隊ができあがって、北方や西方から襲来するかもしれない異民族軍を迎撃できたでしょう。それを日々誇示しておくことで、異民族の方で、エジプト侵略など夢にも想わなくなると期待できたでしょう。

古くからの先進文明を誇ったペルシャ帝国はなぜ砂漠出身のアラブ人の支配を受け、イスラム化したのか？

多作な小説家にしてマルチな論筆家でもあったH・G・ウェルズは、こんな総括をしているそうです。いわく。――ビザンチン帝国（東ローマ帝国）とサザン朝ペルシャは、3世紀ものあいた争い、どちらも疲弊したために、漁夫の利を得たイスラム教徒のアラブ人に攻め亡ぼされてしまったのだ――

と。

ササン朝ペルシャは、主にゾロアスター教を奉じていましたが、西暦637年以降、イスラム化を開始しました。

わが国の「大化の改新」とペルシャの滅亡が、同時期に起きたのは偶然でしょうか？　私は、ある共通の「気候変動」が、どちらの権力変動の背景にもあるのだろうと疑いますが、ここではその詮索はしません。

ペルシャのイスラム化についてさまざまに説明されている英文インターネット記事をいくつか読み比べ、そこから私が納得できるストーリーを再構成しますと、次のようになります。

ペルシャのアケメネス朝は、その始まり（紀元前6世紀）から、ゾロアスター教（拝火教）を奉じていました。地下から上昇する石油ガスの自然噴出口に何かの火がつくことが時にあり、その、いつまでも燃えている焔の神秘的な光景が、人々に異世界の存在を確からしくイメージさせたようです。

紀元前330年にアケメネス朝ペルシャを滅ぼしたギリシャのアレクサンドロス大王が紀元前323年に没しますと、広大なペルシャ帝国は幾つかの地域集団に分裂します。今のイラン西部には紀元前2世紀に、騎射を得意としたパルティア族が蟠踞《ばんきょ》しました。

パルティア王国は、西方から押し出してきたローマ軍とたびたび合戦を繰り返しつつ、西暦3世紀まで勢力を保ちます。が、226年には衰弱して、ササン朝がペルシャ全域の支配者となりました。

それでもパルティア部族が消滅したわけではなく、ペルシャ帝国内の有力なローカル集団では、あり続けたようです。

西暦230年、ゾロアスター教がササン朝ペルシャの国教である——と宣言されます。

ところがすぐに、そのゾロアスター教が、大帝国にはふさわしからぬ狭量な方向へ変質したようです。

神聖な炎は清浄でなくてはいけないと強調して、下層階級はその労働がそもそも不浄であるから、支配階層の利用する寺院には近寄ってはならない、などと聖職者が言い出しました。パルティア族も、下賤な半開部族として差別を受けました。

同時に、「世界終末思想」も強くなったといいますので、あるいは気候の不順傾向が引金となり、ゾロアスター教の聖職者たちが、既存の特権階級としての「権力自衛」に汲々《きゅうきゅう》とするようになったのかもしれません。

さて、西暦600年頃から勃興したイスラム教団軍は、634年にアラビア半島を統一しました（預言者ムハンマドはその2年前に没）。このサラセン軍が、最終的に642年にササン朝ペルシャを打倒したのですが、そのさい、ペルシャ帝国内部のパルティア族の向背《こうはい》が、王朝の命運を左右したのではないかという解釈が、近年では、なされています。

さいしょは、パルティア族はササン朝に味方して、余所者のアラブ軍を撃退したのです。が、それでもパルティアを差別し続けるゾロアスター教の聖職者たちに彼らは厭気がさして、やがて帝国西部のパルティア人集団が、個々にイスラム軍と内通するようになりました。結果はてきめんで、ササン朝は、アラブ軍の進出を、排除できなくなったのです。

こうしてアラブがペルシャ帝国を支配したあとに、地域住民のイスラム教化が、何世紀もかけて徐々に進行しました。

イランにおけるイスラム教はまず、古いペルシャの王族の末裔たちと、都市の商人のあいだで、信者を増やしたそうです。

貴族は、支配者の宗教を奉じていた方が、一族の存続のためには、得することが多かったでしょう。

富裕商人たちは、他の宗教を信じていたら、余計に高い税金を納めねばなりません。とっととイスラムに改宗することが、節税になりました。

しかし、特段そうした恩恵を感じられなかった、貧農や地主のあいだには、イスラム教はなかなか広がらず、ようやく10世紀から11世紀にかけて——その頃は寒冷期にあたり、セルジュク・トルコがイランまで支配を及ぼしました——やっと、イラン人の大半がイスラム信者になったのだそうです。

しかし、もともとメソポタミアの先進文明の後継者であったイラン人は、アラブやトルコの文化に呑み込まれるどころか、むしろ逆に、イスラム教をペルシャ化してしまったのだそうです。

たとえば9世紀の時点で読み書きのできたアラブ人などほとんどおらず、本を書いたり科学や思想を記録できたペルシャ人の学者が、アラブ語の文法も整えてやったのだ――とイラン人は自負しています。

後に西欧へ伝播したイスラム圏の学術も、大半がペルシャ人学者の業績でした。

すなわちイラン人こそが、イスラムそのものを変化させ、そのペルシャ化の過程を経て強化されたイスラム勢力が、西に進んではヨーロッパ人をたじたじとさせ、ウィーンを囲み、北に進んでは中央アジアをイスラム化し、東へ進んではインドにまでイスラム教を扶植《ふしょく》したのです。

こんな矜恃《きょうじ》があるので、たとえばモンゴル系の「イル汗」国から40年間支配を受けていたあいだも、イスラム教を捨てる気にならなかったのでしょう。

中国の儒教は、どんな権力風土に奉仕したのか?

儒教は、ほぼ「宗教」に準ずると言ってよい倫理体系です。教えた者も教えられた者も、それが「処世学」であることは否定しませんでした。いちじるしく、他の一般の宗教とは毛色が異なります。

まず、紀元前479年に74歳で魯の国（今の中国山東省南部）で没した孔丘（尊称して孔子という）が、春秋時代末期の変乱が続く世相のなか、古代「周」文明をひきつぐ公人としてのあるべき規範や指針を中国各地を回って唱道しておりましたのを、その教団の孫弟子以降の世代が内容を整え、次第に教義を中国統一政権向きに発達させました。

やがて前漢の第七代皇帝（前141〜87年）のときに至り、統治権力側からの格別の崇敬を受けるようになりました。

さらに後漢にまで下りますと、もはやエリート行政官にとって儒教は、信奉するのがあたりまえに正しい価値の基準として定着します。そして今日なお、多くの中国人の行動に、理屈抜きのバイアスをまとわせているのです。

孔子一代の事業のあらましについては、私がこれまで読んだ本の中で、白川静氏著の『孔子伝』（初版1972年）がいちばんわかりやすかったので、まずそれに依拠して以下、略説を試みましょう。

古代社会の通例にもれず、中国古代にも、葬祭や雨請いの儀式のときに動員された「巫《ふ》」とか「祝」とよばれた職業人の集団があって、その下級の者は、しばしば、神への犠牲として、焼き殺されたりしていたそうです。

「儒」という字のなりたちは、雨請いのとき犠牲にされた巫祝（しばしば短身症者や廃疾者）を指す語だったと考えられるそうです。

春秋時代になるとそうした人身御供の古俗こそ抑制されるのですが、神界と人間界の橋渡しに任ずる、祭祀になくてはならぬ神秘的な職業団体は、各地に根を張ったように残っていました。孔丘はもともと、そのなかの名もない巫女の私生児で、葬礼の真似事などをして育ったのだろう――と白川氏は推定しています。

各地の祭祀専従集団の中には、亡びてしまった大昔の口承やしきたりを、すべて暗記によって世々伝えていた、博識な人が混じっていました。暗誦は韻文となるのがしぜんです。それゆえに彼らは、詩吟を駆使する表現者や説教師ともなり得ました。

孔子は、わが国で『古事記』を口述したとされる「稗田の阿礼《あれ》」のような、盲目の伝承者たちから学ぶことを好んで、その教え（周代の詩歌の演奏法など）を習い、いつしか、失われつつあった古代の礼楽に通暁《つうぎょう》した大家となったのです。

孔子のまわりに弟子があつまるようになりますと、孔子は「仁」を説き始めます。

仁の定義を、孔子は示したことはありません。敢えて兵頭流に私釈するならばそれは《じぶんを安心させるだけでなく、他者をも全社会をも即座に安心させる、そんな心組みやふるまい》です。

なにしろ不安な時代でした。「周」が天下を安定的に支配していた時代（春秋以前）には心配しなくてよかったようなさまざまな悩みに、「周」から分かれて立った春秋諸国の有力者も無産者も苦しめられ、おびやかされているように思えました。それはすべて《変化して乱れる社会》のせいであると、権力競争が得意でない人々は、考えがちです。

そこへいきますと、儀式の伝承集団の世界は《変化を拒む空間》でした。そこでは、年長者は安《やす》んずることができ、同年代の友とは信頼関係を結ぶことができ、年少の人たちは、先輩になついていればいい。

いったん確立された祭礼は、遠い未来まで、基本的に何も変えないように努力され、じっさい、目にみえては変わらないように思えました。そんな社会を人びとが意識的に維持し続ける——いわば、毎日がおごそかな祭礼であるかのような——そういう政体こそが、人の世の理想の到達点だと、孔丘には信じられたのです。

天下が仁に満ちる社会を実現する近道は、周代の身分制度と礼楽を現世の偉い政治家たちが習うとしかないだろうと、孔子はじぶんの主張を収斂《しゅうれん》させます。しかし、現実の諸国の政治家たちは、権力競争に生き残り続け、為し得れば現状を打破してじぶんの権力を最大化することにしか、関心はありません。万物が流転する現世にあって、権力と仁とは、とうてい両立し難かったでしょう。

孔子と弟子の会話を記録したとされる『論語』の「衛霊公第十五」には、64歳くらいの孔子が、衛の国の王様から軍事作戦のことを尋ねられたけれども、それに答えられるような専門知識はなにも学んでいませんと告げて、衛の国から去ってしまうエピソードが載っています。

孔子は、農工技術を進歩させる話にも興味がありませんでした。樊遅《はんち》という弟子から、耕作法に関する質問を受けたときなど、それは老練な耕作者たちが知っていることだよ、と突き放し、相手にしませんでした。

現実の地域支配者は、長期変動する気候の所与条件の中で、新しい農法を工夫し推進することで自国を強勢化し、軍隊を巧みに組織して隣国を屈服させ、みずからの権力を以前よりも大きくしようとします。

そんな春秋の君侯たちにとっては、孔子教団の主義主張は、ピンと来ないにも程があったでしょう。が、それでも、抜け目なくのし上がろうと願う諸侯の思惑として、ネットワークが広域におよんだ祭祀職能者たち――すなわち改新などは望まずに現状維持や復古をむしろよろこぶ反進歩志向階層の代弁者たち――をむやみに邪険に扱って敵に回してしまうのも「安全・安価・有利」な政治だとは考えられませんでしたから、孔子教団は、表面的には重んじられたのです。

春秋時代にすぐに続いたのが、戦国時代です。『戦国策』という本が書かれたので、この時代名がつきました。割拠していた小国が逐次に強国によって併合されて、有力勢力が交代しつつ中国文明圏が「周」いらいの再統一に向かう、バトルロワイヤル過程であったといえるでしょう。世相の変化をにくんでいた生前の孔子の夢とは、まず正反対な動乱局面でしたろう。

ところが、まず秦、ついで前漢が天下を平定して戦国時代を終わらせますと、儒教には俄かに、時の中央政権にとっての利用価値が出てくるのです。

漢朝は、『詩経』『書経』『春秋』『礼記』『易経』のいわゆる「五経」が、いずれも孔子の作ではなかったにもかかわらず、すべて孔子の手によって完成されたことにし、その孔子を、歴史上の有力支配者と同格以上の聖人だということにしました。このような歴史捏造を、史官であった司馬遷（紀元前87年頃没）が、時の皇帝の武（在位、前141〜87年）から命じられて、大著の『史記』に反映させたのです。

たとえば『礼記』には、「天に二日なく、土に二王なし」と書いてありました。天下を漢王朝が統一しているのは、いにしえの聖人の教えに適っているので、中国人民は、けっして漢王朝にさからおうなどと考えてはいけないのだ――と、宣伝・教育することが、それ以降は容易になったでしょう。

後漢が亡びて乱れた天下をふたたび統一した隋王朝や、それに続く唐王朝は、どちらも祖先が北方からやってきた異民族であったという自覚があったからか、儒教一本槍の文教政策は採らずに、むしろ仏教を盛んにしました。北方民族から見ると、儒教はあまりにも漢民族のための教義でありすぎるように見え、おもしろくなかったのです。

そして中央支配王朝の立場から仏教を視ますと、それは王朝にもうひとつ別な権威をまとわせ、上下の人々の心を安んじ、モンゴルや西域やチベットの荒々しい周辺民族を軟弱化させてしまうのに、役立ちました。

さらに宋王朝の時代まで下りますと、広い帝国内を、地位相応に有能なおおぜいの役人たちが機能的に治める「官僚制度」がいよいよ整います。中央政府は、そんな最先端の官僚システムを支える、網羅的で応用の利く哲学体系を欲しました。

気鋭の儒学者としてそれに応えた朱熹（朱子と尊称される。1130年生～1200年没）は、『論語』『大学』『中庸』『孟子』の「四書」こそ、役人として出世を望む若者が「五経」の学習の前にまず暗記するとよい儒教の精髄のテキストである、と格付けしました（そのうち『大学』については、古いテキストの捏造改変までしています）。

『論語』の中に、孔子が斉《せい》の景公（前547～490年）に、政治の理想について「君、君たり、臣、臣たり、父、父たり、子、子たり」と答えた話が載っています。権力者の身内や部下が権力者の地位をうかがうなどという、権力構造の波乱を防止するのに、儒教はとても役に立つ教養集を提供できました。

『孟子』は、権威ある筆致で、天の意思は人民を通して現れるのだと主張しています。前の王朝や政権を打倒して立った新勢力には、なにかと引用するのに都合がよい、《使える》論説集でした。

わが国の徳川幕府が大いに称揚して、17世紀以降、日本国内の識字階級の間に普及させようとした儒学も、この「宋学」（朱子学）であったことは、なにも不思議ではなかったでしょう。

儒教はどうして近代の国際政治と折り合いがよくないのか？

17世紀の前半、ヨーロッパのカトリック陣営とプロテスタント陣営が入り乱れて長期戦を繰り広げ、ドイツ地方を酷く荒廃させてしまった「三十年戦争」……。

この惨禍を終わらせるにあたり、欧州の多国間で章句を練って締結されたのが「ウェストファリア和平条約」（1648年）です。

画期的な近代主義の盟約でした。ある「主権国家」と他の「主権国家」が、国土の大小や王室宗旨の違いなどにかかわらず原則として平等であって、それら「主権国家」間には、法的に上下の関係はないんだという、新時代にふさわしい欧州文明の精神が高唱されたのです。

帝政ローマ時代から中世まで、世俗政治をなにかと左右し続けたキリスト教会は、西欧ではこれ以降、表の外交に対する不干渉が求められました。科学技術の急発達と地理的な発見、印刷出版の普及とがあいまって、「啓蒙の時代」が、始まろうとしていました。

近代精神とはどんなものかを早い時期に人びとに示している世界的な名著を一冊挙げるとするなら、それは1690年に英国のジョン・ロックが書いた『市民政府二論』でしょう。

その冒頭でロックはいきなり、《そもそも旧約聖書に見える最初の人間であるアダムは、子孫や世界を支配する権限を神から与えられていない》と指摘し、第二章で、すべての個人が平等であるゆえんを説きます。さらに第三章では《あなたの自由を奪おうとする泥棒や侵略者に、あなたが反撃して殺しても、それは正当なのだ》とまで切言したのです。

国家と国家のあいだだけでなく、個人と個人のあいだにも、地位や財産の違いを超え、法的に対等な基本の権利があって、さらに国民ひとりひとりの自由の権利を政府といえどもほしいままに奪うことはできず、そのような不当行為を自制しない自国政府や外国勢力に対しては、実力による革命や武装抵抗がゆるされるというジョン・ロックの所説は、「近代精神」そのものでした。

しからばこの精神を、リアルな政治のしくみとして地上に体現させ、かつ機能させるにはどうしたらいいかと、ロック以後、いろいろな思想家や活動家が精魂を傾け、社会契約論や議会制民主主義の論理を次々と生み出したのです。

ところで、アジアの「儒教圏」からは、ジョン・ロックのような近代精神と共鳴しそうなインテリ学者は、過去にただのひとりも、輩出した痕跡がありません。

なぜでしょう？

「ある人と、他者とのあいだの、基本的な平等」「ある国と他国とのあいだの原則的な対等」を、理屈ぬきに納得させるような《言葉の伝統》が、中国に無かったせいなのかもしれません。西欧語には、それが、古代から、あったのに対して、漢字文化圏では、AとBとのあいだの序列が、かならず強調されずにはおれないのです。

英語で、他者にむかって「ブラザー」とよびかけるとき、そこには「兄」の意識も「弟」の意識もまじりません。純粋に「じぶんと平等のおまえ」という意味です。

この「ブラザー」――ラテン語だと「フラテル」――の概念は、おそらく漢訳が不可能です。漢字の熟語で「兄弟」と書けば、そこには兄と弟のイメージが生じてしまいます。兄と弟は、儒教圏では、平等だと思われていません。

すでにみなさんはお気づきだと思いますが、中国語では、「兄」も「弟」もただの一字であらわすことができるのに、英語やラテン語、ならびにギリシャ語やペルシャ語でも、それを一語では表し得ません。苦労して二語を組み合わせる細工をして、はじめて、「兄」とか「弟」の意味になってくれるでしょう。たとえば「エルダー・ブラザー」とか「ヤンガー・ブラザー」。ラテン語でしたら、「フラテル・アンテナトゥス」「フラテル・ミノール」と、かなり面倒くさい表現を人為的に組み立てる必要があります。

これは大昔から(イランまで含めた)西洋の人々が、そんな概念を、生活の中でまるで必要とはしていなかった、という文化慣行の既往態を、暗示しているのです。

かたや、漢字の「兄」は殷代の甲骨文字に字源があり、「弟」は、金文(周代以降に青銅の鼎《かなえ》などに鋳込まれたテキスト）から見いだせるようです。殷を亡ぼした周王朝の先祖は西方の遊牧民だったと考えられるので、「長幼の序列」という考え方をはじめからもっていたのかどうかはわかりませんが、孔子が認める「中国」の文化を創始した周朝いらい、年齢による上下関係に重い意味があるのだと考える価値観がずっと「黄河～長江」水系の大陸の人びとの日常に定着していることは、ほとんど疑いもないでしょう。

西欧では、帝政ローマ時代に発生したキリスト教が、「神の前では王侯貴族も貧者も弱者も皆平等なのだよ」と説いて、まず下層階級のあいだで絶大な支持を得ました。

兄弟間や姉妹間の順番というものを名辞の上で度外視していた家族文化が古代から優勢だったのだとしますと、キリスト教会は、もともとしきたりとしてあったその平等イメージを、強調して布教に利用することに成功したのかもしれません。

ともあれ、西洋文化の「下地」の上にのみ、近代主義精神は、なんとか成立しました。

文化や宗教が、人と人とを、原則として対等としていたならば、その文化圏・宗教圏では、君主や領主たちは、「なぜ自分が皆を統治していてよいのか」を、言語によって領民に納得させる必要を自覚せざるを得ないでしょう。

たとえば、庶民の上に君臨する絶対主義王制を実現したいならば、黙ってそれを実行することはできず、かならず「王権神授説」のような、相手を説き伏せる理論も用意しなくてはなりません。その説得には、「嘘」が混じってもいけない。精密な討論に正々堂々と勝って押し切れる、学問的な名理屈である必要もあったのです。

近代民主主義や近代人権思想としての自由主義理論も、人と人とが対等に討論できる風土の上に開花しています。

それと比較して、儒教圏では、人と人、甲と乙とは、さいしょから――議論を排除するきめつけによって――不平等な関係だと言語が意識させてしまうため、他者の人格に対しての無前提のリスペクトや、嘘の無い討議をしなくては公人として失格であるという社会的ルールが、確立され難いのでしょう。目上の者や、立場が強い者が、目下の者や弱者に嘘をついたり、腕ずくで黙らせても、なんの問題もないのです。

このために「法律」が意味することまで、西洋標準とは本源部分から決定的に、異なってしまいます。

近代法の基礎のひとつをなしています古代ローマの法学は、契約文の文言の履行《りこう》を軽視することなく、奴隷の正当な権利について法廷で争うことも可能な、原告と被告の地位の差を忖度《そんたく》しない体系でした。が、ひきくらべて、古代中国の「法家」思想をどれほど発達させたとしても、上に立つ強い統治者がいかにして庶民には対等の自由をゆるさず、じぶんたち領主階級や上層エリート官僚だけが勝手をし通すかという「搾取支配の飾り」にしか、ならなかったでしょう。

今日、中華人民共和国政府が、諸外国に対してふとした拍子に見せる態度は、《じぶんたちは、地位の低いものども――すなわちおまえたち外国――が、理屈抜きに尊敬しなくてはならぬ長上者なのだとわきまえよ》という、儒教精神の好サンプルです。

その自意識が、さいしょからすでに「反近代的」なのであることに、ご本人たちは気付くこともできない。それほど、深い文化的ルーツとロープでむすばれているビヘイビアなのでしょう。

長上者と、それより劣位の者とのあいだには、「対等」はありませんから、劣位の者は、そもそも長上者を批判するべきではない。儒教圏人は心の底からそのように考えがちですので、近代諸国は、儒教圏の政府とは、理詰めの議論も成り立ちません。

2016年に、国連機関であるハーグ市の「常設調定裁判所」が、「歴史的に南シナ海を中国が領有していたとの中国側の主張に法的な根拠は認められず、フィリピン沖のスプラトリー諸島の占領は違法だ」と判決しても、「そのような判決には紙切れの価値も無い」と言い放って、傲然《ごうぜん》たるものなのです。

20世紀前半の米国で一代にしてホテル王に成り上がったコンラッド・ヒルトン(1887~1979年)は、《荒っぽい人間とビジネスすることは可能だ。しかし嘘つきと取引をすることは、誰にも不可能だ》と概括しています。これは私企業の世界だけにあてはまる話ではないでしょう。

どんな人が「リーダー」として集団を支配したり指導するのだろう？

群をつくる動物のリーダー格の個体には、たんに体力がみなぎっていて喧嘩に強いというだけではない、「徳望」のような資質が備わっているように見えることがあります。

人間世界で「指導者」「実力者」とよばれ、周囲よりも大きな権力を得ているように見える個人も、たとえば他者に無理強いをして、他者から一方的に生活資源を奪い取るだけでしたなら、とうてい、小さな権力をどこまでも伸ばして大きくはできないでしょう。

むしろ、不特定多数の他者から、その集団を統制し、影響力を行使し、一定地域の支配を安定させることを期待されることによって、特定個人の権力が、計り知れず大きくなることがあります。

周囲の人たちは、さいしょは、ある特定のリーダーに決定権を委ねたり支配力を与えた方が、じぶんたちの権力の維持と増進にとって「安全・安価・有利」になるであろうとの思惑や直感から、意識的・能動的に、特定人物を立てたのでしょう。

たとえば太古の氷河期に、移動し続ける大型動物のあとを追いかけながら集団で狩りをする生活を送っていた原始人であったなら、やはり、仲間のうちで最も狩りの計画と実行が巧みで、いつも目配りが利き、予期せぬ事態が突発しても適確に対処すると評判な個人を、指導者に推戴《すいたい》することになっただろうと想像できるでしょう。

大陸の草原地帯の遊牧でも、縄文人のような漁労採集生活でも、もちろん定住耕作農業でも、集団の利益を最大化してくれるような技能や知恵を備えた個人が、それぞれに見いだされたはずです。それらの個人には周囲の人々から、いわば議決力が委譲されたのです。


ところで、なべて人には個性があって、考えも欲心も、それぞれに違っています。また実人生では、誰もがよんどころのない個人的事情というものを抱えているでしょう。

そんな違いをのりこえて、ある人が、もうひとりの他者を説得しようとするためには、言葉を操る技能が、なくてはなりません。物理的な暴力による威圧で何かを強制できる他者の数は、それほど多くはならないでしょう。しかし言語によって短時間に多人数の他者を納得させることは、理性と感情の両面から、非物理的に可能なのです。もし多数の協賛者が一致してある方針を支持したら、集団の残りのグループも、それを無視したり抵抗したりすることが、難しくなるでしょう。

今日、世界中のすべての小学校で、国語の授業がないがしろにされない理由は、ここにあります。言語は、人にあることを気付かせ、人々を団結させ、集団を強くしてくれるのです。それは人々の権力を、物理的な暴力以上に、「安全・安価・有利」に、維持・増進させてくれるでしょう。

だからこそ、天才的な原子物理学者が、平凡な法学部卒業生をさしおいて一国の政治を任せられることはないのです。

今のような国会や民主主義制度が無かった、古代社会や中世社会を考えてみましょう。

あまり体力のない、身体も小さなひとりの個人が、弁舌の才能にはとても恵まれていたとします。もしその人が、言語を使った説得や扇動によって、いつも、周囲の他者を10人でも20人でもじぶんに同意させる能力があって、いつでもじぶんが望むように、人々に一致した行動をとってもらうように仕向けることができるとしましょう。その人の権力は、別な、いかなる一個人にも対抗はできないくらいに、大きいはずです。なぜなら、どんなスーパーマン戦士であっても、ただ1人で同時に20人と戦って勝つことなどできないからです。20人の集団は、交替で眠ることもできるでしょう。かたや1人のスーパーマンは、寝ているあいだは無防備になってしまうのに、まったく寝ないわけには参りますまい。時間が経てば、勝負の行方はわかりきっているのです。

昔の人たちだって、言語が未来の権力を左右することは、よくわかっていました。まして近世以降、どこの国でも、初等教育の勉強科目に「国語」（よみかき）の授業がないところなどないのです。「国語」が得意な生徒は、他者を説得する仕事につけば、成功するでしょう。その人には、大勢の集団を動かしてしまえる、組織人としての有利な潜在能力があります。近代以降でしたら、組織の中で「予算」をとりやすく、同僚や部下から感謝されるでしょう。もし政治家をこころざせば、大政党や、大きな国策を、左右してしまえる有望株でしょう。

かりの話、ここに、理工系の学問分野だけが得意で、国語はからきし苦手な学生がいたとしましょう。将来、いろいろな発明をして、人類の幸福に貢献できる人材です。原爆や水爆を上回る核爆弾を創り出すかもしれません。けれども、国語力が鍛えられていなければ、おおぜいの集団をじぶんの目的のために結束させることは難しい。限られた予算を取り合う競争にも、不利でしょう。その結果、おそらく、数学の成績がかならずしもよくはない政治家や会社経営者の部下のポストに、組織の中で、いつまでも甘んじていなければならないかもしれません。

答えが明瞭にひとつに絞られることのない決断を下して人々にそれを納得させる才能は、独特なものです。

その説得に必要なのは、理詰めの立論の力だけとは限りません。たとえば話し方、声の質、顔の表情や身体のフォルムやちょっとしたしぐさが、圧倒的に説得力を発揮する場合も、人間集団の中では、ありがちです。

たとえばAというリーダー候補者と、Bというリーダー候補者がいて、まったく同文の演説原稿を読み上げたとしましょう。それを聞いた群衆が、Aからの語りかけにはなぜか心を動かされ、Bからの語りかけにはなぜか反発しか感じない——といったことも、ふつうに起こります。人にはそれぞれ、音声や顔の個性、話術や身体表現の癖があり、そこから、他者にとっての、理屈を超えた「好悪」の印象も生じてしまうからです。

ヒトラーやスターリンは、20世紀の有名な独裁者ですけれども、おそらく間近で見たならば、「好い男」だったのでしょう。そしてその話し方にも、それぞれドイツ人やロシア人たちを信用させてしまう魅力が、備わっていたのでしょう。

まだ録音技術など存在しなかった19世紀より以前、一代にして成り上がった各地の権力者たちにも、風貌や話し方や声の質に、理屈を超えた魅力があったのだと想像することは許されようと思います。

ナポレオンやシーザーは、肉声の演説によって、おおぜいの兵士の感情を常に鼓舞することができたようです。

いったん大きな権力がひとりの人物に集中し、その状態が何十年も持続して社会制度化しますと、あとから生まれてきた人は、その独裁権力のそもそもの始まりを知らないけれども、社会から理屈ぬきに承認を迫られる形で、独裁者の存在を許すことになるでしょう。古代の王制は、そのようにして代々継続したでしょう。

どのようにして戦争は終わるか？

交戦者の双方もしくは片方が、これ以上戦い続けることが「危険・高価・不利」だと感得し承認すれば、停戦や終戦が模索されます。

そのさいに、それぞれの集団内の意見が、ただちにひとつにまとまるなら、話はよほど早い。あいにくと、そうなることは稀です。

「今のスコアで戦争を止めれば、戦後のじぶんの権力にとって不利になる」と懸念する者が必ずいるもので、さらに、「もう少し相手から多くの譲歩を引き出そう」などと欲を出す者もあらわれたりして、集団内の判断がすみやかに収斂することは、めったにありません。

政治家が器量を示すのは、このようなときです。

政治家が言語の力で、集団内を説得することで、人々は不利な講和を忍ぼうという気になったり、あるいは、死ぬまで徹底抗戦しようという決意を固め直します。

集団にとって運がよければ、昔から長期の国益を深く考えてきた、すぐれたビジョンの持ち主であるという定評を得ている政治家が浮上して、人々は、じぶんたちの運命をその政治家にあずけても悔いは少ないと予想するでしょう。

もし一方の集団が、個人の独裁体制国家であったならば、その独裁者の胸先三寸で、開戦も継戦も講和も決まる……と考えられがちです。けれども現実には、その独裁者を事実上動かしている「インナーサークル」があるもので、そのインナーサークル内で意向が集約されなければ、独裁者とて、そう簡単に戦争の終わりを宣言できるものではありません。

将棋やチェスなどと違い、現実の政治としての戦争は、ある盤面の局面があるカタチを見せたところで自動的に「詰め」が確定することが、ありません。明日、事態が予想外の変化を見せるかもしれないという余地が、常に残っているのです。

なぜ戦争はこの世からなくならないか？

「権力」は、定量的に把握されることがありません。「飢餓や不慮死の可能性からの遠さ」といった、定性的なイメージによって各人各様に意識されるだけです。

そのため、「これでもう十分だ」という権力のリミットは、誰にとっても、存在しません。

有力で優勢なある集団が、保険のつもりで、現にもっている大きな権力の上にさらに権力を積み増そうとして、却《かえ》って国内外の誰かの反発を買ってしまい、とつぜんに激しく他集団からの一斉反撃を蒙ったり、水面下での周到な工作にしてやられるということも、絶対にないとは言えないのです。

一見、安定して繁栄している経済先進国が、近隣の軍事強国からは、隙だらけの《好餌》に見えて、その平和主義外交が、ぎゃくに周辺国からの「侵略」を誘うかもしれません。

若いときに功績があり、壮年に至って円熟したと評判の政治指導者も、さらに加齢の進むにともなって判断力が世相にうまく対応しなくなったり、自制心が薄れてきたり、その反対に、気力が衰えて万事に投げやりとなるかもしれません。

今までは弱小であった隣国が、いつのまにか力をつけ、弱いときに交わしている約束を、破るようになるかもしれません。

どこまでも続くかに見えた経済成長と好景気が、うたかたの泡のようにはじけてしまって、こんどは廃業や倒産や失業が社会の日常の光景になり、おおぜいの人々の不満と不安が、その民衆の怒りを代弁する力強いイメージの政治指導者を台頭させ、強硬外交を生み出すかもしれません。

ある国がある日、戦争を開始するとしたら、その国の人々の頭の中では、今そうすることが「安全・安価・有利」にじぶんたちの権力を保持したり増進する道であると、信じられているわけです。脇から観て「それはきっと失敗するぞ」と思えるような、国家まるごと破滅に直面しそうな確率が高そうなコース選択であっても、当人たちの心の中の目論見は、また別なのです。

戦争は、これからも起こり続けるでしょう。

万物は流転しますために、この地球上に「永続する、自動的な安定構造」をつくることも、誰にもできないでしょう。

すべての事情が、ある日、変更され得ます。それは明日やってくる事態かもしれないし、150年後とかもっと先の未来かもしれません。誰にもわかりません。ただ、永世不易なものは、この世にはあり得ない――ということだけが、確かなことなのです。

そもそも政治とは何か？

ある個人、または人の集団が、できるだけ「安全・安価・有利」に権力を維持または増進するために日々、行動していることはすべて、広義の「政治」です。

たとえば、あなたは、日本政府が公布した法令を遵守しています。そうする方があなたの権力の維持・増進のためには「安全・安価・有利」になる――と、あなたが無意識的に判断しているからです。この場合、法令に従うことが、あなたなりの「政治」になっています。

もしあなたが、日本の国会が制定したいくつかの法令を破ることが、あなたの権力の維持または増進にとって「安全・安価・有利」だと確信できたならば、あなたはその法令破りを敢行するでしょう。それまた、あなたの「政治」です。

太古の人々は、広い土地のあちこちにひとりぼっちで暮らしているよりも、まとまった集団として活計を立てて行く方が、めいめいの権力の維持や増進のためには「安全・安価・有利」になるようだと察しました。そのようにして大昔の「くに」もできたのでしょう。

また大昔、ある集団は、ひとりの有能な「リーダー」を奉戴《ほうたい》してその指導に全員が従うようにしたことで、構成員全員の権力を「安全・安価・有利」に維持・増進することに成功しました。

しかし別な集団では、少数の支配層に全構成員の権力をあずけてしまった結果として、他の一部の集団構成員の権力は、かならずしも維持・増進されず、むしろ、権力が減殺されてしまう（＝飢餓や不慮死の可能性に近づいてしまう）という経験をしました。この場合、そのままでは「危険・高価・不利」ですので、その状況から抜け出す「政治」が考えられたでしょう。たとえばその集団から分かれて別な土地を探して暮らすという「政治」もあれば、じぶんにとって不都合である少数の支配層を殺したり追放してしまうという「政治」もあるでしょう。もちろん、「じっとがまんして、不満足な境遇下でこれからも暮らし続ける」という意識的選択もあります。なぜならあなたは他の選択をすることが怖いからです。どれもが、あなたなりの「政治」なのです。

あなたが、「Aさんと結婚するよりも、Bさんと結婚した方が、老後は楽になるだろう」と考えてBさんを選ぶことも、「政治」です。

「SNS上の人気が高いSさんは、じぶんにとって赤の他人だが、なぜか、その存在が不快だ」とあなたが思ったとしたら、あなたは、無意識のうちに「政治的」な闘争心を燃やしている可能性があります。「人気」はイコール「生殖可能性」でもありますので、将来の当人の権力に直結する一大要素です。あなたは、このままではじぶんの生殖可能性は相対的に制限され、じぶんの権力は維持・増進されないかもしれないと、無意識裡に計算したかもしれません。あなたの場合、「Sさん」のような人気者がSNSからひとりもいなくならぬうちは、心に平和は訪れません。

今あなたの目の前に、労働して生産を増やすコースと、強盗になって他人から金品を奪うコースと、二つの道があったとして、そのどちらかをあなたが選んだとしたら、それも「政治」です。あなたは、その選択の方が「安全・安価・有利」に、あなたの持っている権力を維持または増進できると判断したから、その選択をしたのです。

敵対的集団と戦争するか、それともしないでおくか。

戦争を選べば「戦死」の可能性が生じますけれども、それは「不慮死」とは異なって、覚悟の敢為です。反対に、もし屈服を選べば、あなたがた全員は敵集団の支配下に置かれて、中期的に、「飢餓と不慮死の可能性」に、かなり近づくことになるでしょう。

中世以前、庶民大衆が比較的容易に「死刑」に処されてしまう強権的な統治空間は、世界中でみられました。それでも死刑相当の犯罪を為す者は、けっしてゼロになったりはしませんでした。人も、他の動物も、成長する過程で、「ガッカリすること」を避けるようになります。その心理は、どうも、とても強いようです。敢えて死の危険を冒しても禁令を破ったり戦争をスタートする人々は、それをしない場合の「ガッカリ」を、堪えられない未来だと予想して、肚を括っている可能性が大きいでしょう。

第2章　戦争の指導

弱そうな小国に何か要求をつきつけ、それを呑ませ、相手をして長期の持久抵抗には訴えさせない、うまい算段はあるだろうか？

競争や戦争には相手があります。その相手が自由意思をもっていますために、こっちがいくら早く勝ちたいと願っても、そうは問屋が卸してくれない場合がほとんどです。

すでに今、強大な外国から武力侵略を受けている国であったら、堂々の陸戦や海戦で決定的な大勝利をおさめることはむずかしくとも、持久して侵略軍を辟易《へきえき》させる方策を、しぜんに採用することになるものです。ゲリラ戦を中心とした長期抵抗を続けるうちに、侵略軍将兵の出血が累算され、それがある限度を超えたところで、侵略国の銃後の世論も「厭戦《えんせん》」「反戦」に傾くかもしれません。

そこで国家は、開戦には至らないギリギリの脅しと駆け引きができるネゴシエーターを重用《ちょうよう》するのが「安全・安価・有利」な政治だと、長いあいだに学習します。そのような人材は、国家のために「安全・安価・有利」な外交の可能性を最大化してくれると、過去の各国史が教えているのです。

1853年に米国政府は、外交使節のペリー艦隊を大西洋回りで江戸湾まで派遣しました。米国政府が遠征艦隊司令官に与えたミッションは、開戦することなしに、徳川幕府に開国を強要することでした。これは、とびきりの難題でした。

司令官は、日本についてあらかじめ徹底的に文献を調べ、これなら、という方針を立てます。そして大遠征の往路でも復路でも、ついに一件の不祥事も起こさずにミッションを達成するという、偉業を成し遂げました。

鎖国主義を採ってきた徳川幕府は、米軍艦の武力を背景とする開国要求を拒否することはできないと判断して、1854年に「安政和親条約」を結びました。

これを徳川幕府の側から見ますと、相手はたかだか数隻の軍艦で、おまけに「後詰め」の部隊は地球の裏側から呼んで来るしかないのですから、日本本土上で一会戦を挑み、不利であれば内陸部に引き退いて1年以上も対峙するというオプションも、ありえました。しかし、そうはしませんでした。

理由はこうです。江戸には100万人以上の住民が暮らしていて、その生存に欠かせないコメ、塩、薪炭の物流は、伊豆大島沖から江戸湾に頻々《ひんぴん》と入湊する船舶によって9割方、担われていました。なのに、米艦隊が大島沖を遊弋《ゆうよく》しているだけで、江戸湾には民間船が入れなくなり、一俵のコメの荷揚げもできかねる状態が生じたのです。それがもし1カ月以上も続いたならば、100万市民は不穏化し、幕府の威望は地に堕ち、コメの売却収益を得られなくされた諸藩にも混乱がひろまり、江戸内外での暴動や、雄藩主導の「幕閣総退陣要求」が続く蓋然性が高かったのです。

有力幕閣が自分の権力を失いたくなければ、ペリー提督の要求をはねつけることは、できませんでした。

この折、ペリー艦隊が先制的に「開戦」していなかったことも重要です。もし先に米艦隊が「侵略戦争」を開始した場合、その艦砲射撃で江戸城下は焼け野原となったでしょうが、日本国内は幕府を中心に結束して、陸上での長期のゲリラ戦が開始されたことは、ほぼ、間違いないでしょう。

モンテスキューは、国家と国民を勝たせてくれる政体についてどう結論したか？

18世紀フランスの哲学者モンテスキュー（Charles-Louis de Montesquieu　１６８９〜１７５５年）は、イギリスの近世以降の政体と、フランスの当時の中央集権的な統治機構とを比較して、今日の文明圏において政治権力を一カ所に集中させすぎることは世のためにならないと理解しました。

ラテン語で書かれた古代ローマ史文献に通暁《つうぎょう》していた彼は、しかし、安全保障の現実主義からは逸脱しません。どうすれば国家・国民が亡びてしまうか、その致命的なしくじりにつき、彼以上に深く広く考えていた論筆家は、当時、いなかったでしょう。その上で、個人の自由と国家の秩序が両立できる、近代の理想社会を模索しようとした姿勢が、当時から今に至るまで、多くの読者からの信用をかちえています。

１７３０年代に初版が刊行された「ローマ盛衰原因論」の中で、彼はこんな指摘をしています（井上幸治編『世界の名著28　モンテスキュー』昭和47年刊を参照）。

――初期のローマ市中には市民が軍事訓練するための広場があり、その活用のおかげで、すぐれた市民は50歳代後半になっても青年たちと体力を競えるほどでした。

ローマ兵は15日～30日分の麦、7本の杭を携行して行軍し、野営地につくとまずその外周を築城工事しました。野営地を陣地化しておかないと、優勢な敵に攻められたときに、逃げることしかできなくなってしまうからです。

初期ローマ人は、征服するのが困難な民族は、ローマに取り込む価値が大きい民族だと考えました。

そして、敵軍がまだ自国内にいるあいだは、誰もその敵と媾和することはゆるされない、と定めています。

戦死者が多いことは国家の不幸ではありません。国民の士気が沮喪《そそう》したときが、真の不幸のはじまりなのです。

カンネー会戦で大敗を喫した当のローマ軍部隊は、その懲罰として、ハンニバルがイタリアから撃退されるまで、シチリア島内に無給で駐留させられました。

「反ローマ」同盟は、形成されませんでした。ローマに近い地方の民族から順番に個別的に、ローマ軍によって手痛い目に遭わされるからです。

ローマ軍が遠征するときには、まずその敵の近くに同盟者を作っておいてから進発するのが常でした。

支配域のすぐ外側で角逐《かくちく》している二勢力があれば、その弱い方の助っ人になることで、強い方を打倒するという対外政略が、よく用いられました。

征服した都市には、《ローマの同盟市》という称号を与えます。これにより、外国勢力の相互間の結束を、弱めてやることができました。

共和国にとっては、大成功も大失敗もよくないことです。どちらも、人民を奴隷状態へ近付けるきっかけになるのです。人民とその指導部は、欲をかかず、まず国家の永続に専念することがとても大事です。

自由な国家には、臆病な市民はいません。平時において臆病な市民が、戦場で勇敢になることはありません。もし、平時に国内が平穏すぎる共和国があったなら、その国は戦争に弱いか、自由がないかの、どちらかです。

帝政ローマの皇帝たちは、あたかも異民族を支配するように、自国市民を《敵》と前提して支配するようになりました。

古代ギリシャに剣奴《けんど》の見世物はありません。ギリシャの競技はどれひとつとして、大衆相手の見世物ではなかったのです。しかし帝政ローマでは、ぎゃくに見世物以外の競技が、ありませんでした。剣奴の見世物は、キリスト教が定着すると消滅しました。

平和は金ではあがなえません。なぜなら、平和を売る者に対しては、さらに幾度でもさいげんなく平和を「買わせる」ことが可能だからです。

平和を得たいのであれば、戦争をする危険を冒せなくてはなりません。苦労しないと征服できないということが知られれば、かならず尊敬を受けるからです。

もともとローマ軍には、弓兵も騎兵もごく僅かしかいませんでした。規律厳しい大部隊の歩兵の白兵戦法が、圧倒的だったのです。ところが衰退期のローマ軍には、うってかわって、ほとんど、弓騎兵しかいなくなりました。歩兵に訓練や規律を強いることができなくなったからです――。

モンテスキューには『法の精神』という大著もあります。その第10篇「攻撃力との関係に於ける法に就て」の第2章「戦争に就て」ではこんな命題を掲げています。

――「人間は自然的防衛《デファンス・ナチュレー》の場合には人を殺す権利を有つ。国家は自己の保存を維持する為に戦争を為す権利を有つ」（宮澤俊義訳、戦前の岩波文庫版）。

ただし、市民がこの権利を行使できるのは、法の救助を待っていては殺されてしまうと云ふ瞬間的場合に限られる――と釘を刺しています。

大市場を抱える近隣国との経済的なつながりが深くなれば、その侵略から、わが国を守る必要は、なくなるだろうか？

近代経済学の創始者の一人、デイヴィッド・リカード（D.Ricardo 1772～1823年）は、いちど聞いただけでは不思議に思える自由貿易のメリットを、人々に説明しようとしました。

たとえばここに、農業も工業も得意であるA国と、どちらもそれほど得意ではないB国があったとして、そのA・B両国の間で自由貿易を開始した場合には、どちらの国の中でも、労働力の再編による効率化が進むので、工業製品も農業製品も2カ国トータルで生産量は増え、したがってどちらの国民もすべての製品を安く、たくさん消費できるようになる――というのです（比較生産費説）。

では、リカードの言う通りならば、どうして明や清、あるいは徳川幕府は、領民に自由な貿易活動をゆるすことなく、輸出も輸入も厳しく統制する政治を選んでいたのでしょう？　それらの政体は、今日で言うところのGDPを大きく増やす機会を、敢えてかえりみなかったことになります。なぜ「海禁政策」や「鎖国」が、それらの政権にとっては「安全・安価・有利」な「政治」だと判断されたのでしょうか？

答えは、それらの中央支配政権が、「安全保障リスク（地方軍閥勢力の急成長）」や「治安リスク（社会の不安定化）」を、国ぜんたいの《経済成長》以上に重く視たがゆえでした。

たとえば清国の首都は、北方からの異民族の南下に即応するために、北京に置かれていました。もし、そこからはるかに離れている、揚子江河口以南の海港で、漢人の商人や地方役人たちが自由勝手に対外貿易に精を出し、巨富を蓄積し始めたなら、何が起きるでしょう？

清国のような広大な帝国では、繁華な産業拠点の隅々にまで「防犯」は行き届きません。富豪たちは、じぶんたちの財産や権益を防衛し、道中のボディガードにもするために「用心棒」を雇い、「私兵」を抱えるのが普通のなりゆきなのです。最初は、野盗やゴロツキから商店・邸宅を守る零細警固会社のような規模だったとしても、事業の発展とともにそれは強大化し、やがて、ライバル商人や、満洲族の政府軍と張り合えるくらいの武力集団が育ってしまうでしょう。

富豪たちとしては、そうすることが「安全・安価・有利」だからですが、中央政府から見れば、それは専制政体の安定序列の崩壊につながる道で、ひいては、地方から興った軍閥勢力による中央政権の乗っ取り、あるいは転覆……という行く末も予見される、「危険・高価・不利」な帰結にしかならないと、過去の王朝の崩壊パターンが教えているのです。

わが国の江戸時代の後半には、西国雄藩を領した外様大名の島津氏と毛利氏が、清国や朝鮮相手の海上密貿易で軍資金を溜め込み、江戸開府当初に懸念されたように、最後にはそれを倒幕の梃子にして、幕藩制を終わらせてしまいました。

もっとも、当時の心ある日本人ならば皆、幕藩制のままでは日本列島が欧州強国の植民地にされてしまうという危機意識を、抱くことができました。コンセンサスとして、徳川幕府が消滅して近代国家に脱皮することが、日本人ぜんたいの「権力」のためには「安全・安価・有利」だと、将軍から末端の旗本までも考えたからこそ、明治維新は、ほぼ無血に等しい革命として成就《じょうじゅ》したのです。権力を追求する主体が、特定少数の支配集団から、日本国民全体に、公式に転移したとも言えるでしょう。それもまた「近代」の世相でした。

中国の場合、人民は歴史的に時の政府や公権力に対して少しも恩義を感じていないので、地方の実力者は、もし機会があるなら、外国勢力とでも平気で結託し、常にじぶんの血族の繁栄を、国家の繁栄や社会の福利に優先させます。

もしじっさいに、中国の首都から遠く離れた地方軍閥が、西欧帝国主義勢力と結託して、中央政府に叛旗を翻したなら、どうなるでしょうか？

1840年と1857年の二度の「阿片戦争」のさい、中国本土に上陸した英国軍は、荷物担ぎの苦力《クーリー》たちを、現地の住民の中から、必要なだけ、金銭で雇い上げることができました。中国の海浜部の住民たちとしては、雇い主が何国人であろうが、個人的な利益をもたらしてくれる有力者がやってくるというのならば、歓迎できたのです。

まったく同じことが、中国に先立ってインドにおいて起きた結果、インドは、あれほどの広さと人口がありながら、英帝国の支配するところとなっています。

中国がインド型の植民地化を免れたのは、19世紀の蒸気船の実用化以前には、国土の片側にしかない海岸線は防禦がしやすく、また蒸気船の登場後も、貯炭場の整備の遅れや住民の宗教的な単一性のおかげで、中央政権には時間を稼げる余裕がインド以上にあり、そのうちに清国政府は、アメリカ合衆国やロシア帝国、および新興海軍国のドイツ帝国を、対英仏交渉の梃子として利用することも可能になったという、たまたまの成り行きの僥倖《ぎょうこう》にたすけられたからです。

だいたい阿片戦争をプッシュした英国のパーマストン首相は自他ともに認めた「自由貿易主義者」です。そのパーマストンが、清国政府に対しては違法麻薬の取締り権を認めず、また米国の南北戦争（1861〜65年）にさいしては、綿花輸出に都合のよい奴隷制をますます拡めようとして戦争に踏み切った南部を敢えて支持するなど、英国人が儲かるなら他の人類はいくら不幸になっても構わないという至って低級な信条を振り回していました。初期清朝の懸念は、いかにも的中したわけです（英国の経済学者の中でJ・Sミルだけが南部批判の新聞寄稿を続け、おかげで戦後の米英関係はかろうじて保たれたとも言われています）。

前出のリカードは、当時世界最強の海洋帝国であった英国の臣民でした。ナポレオン戦争のさなかであっても、「安全保障コスト」は度外視して、貿易政策や国内産業のシフトを考えてよい特権が、彼にはあったでしょう。

たとえば欧州大陸の海岸線を英国の商船に対して閉ざすという「ブロケイド（経済封鎖）」を、とつぜんナポレオン側から宣告されても、英国の海軍と武装商船隊ならば、世界各地から食料その他の必要な資源を腕ずくで持って帰ることが、易々《やすやす》と可能です。フランス海軍の艦隊が、英本国の全海岸線を封鎖しようとしても、とても隻数は足りません。英国艦隊によって英国近海で各個に撃破されてしまう危険を考えますと、英本土を兵糧攻めにしようとするライバル国の試みは、18世紀以降だと、企てるだけ無駄でしたろう。

リカードの時代の英国の農地は、特に対岸のフランス農村と比べた場合に、小麦栽培やワイン用のぶどう栽培に格別に向いた気候や土であるとは誰も思っていませんでした。殊に冷涼なスコットランド地方では、もし畑を耕すなら、燕麦のような耐寒穀物か馬鈴薯を作付けする必要があったのです。にもかかわらず、雨量が十分で、いつでも畑地に転換できる牧草地は、英本土の南部に余っていましたし、18世紀の鉄道以前に掘りめぐらした内陸水路のおかげで、たとえば漁港にあつまった水産物を内陸の特定市へ移送するのにも何の不自由もなく、かたわら強大な海軍力と卓越風（基本的に英本土からオランダに向かって風が吹いています）のおかげで欧州大陸から陸軍部隊が英本土に攻め入ることは容易ではありませんでしたから、すでに英国人の「飢餓と不慮死の可能性からの遠さ」は、欧州随一だったと言ってよかったのです。

しかし英国がその地位を築くまでには、欧州に出現するライバル国を何度も蹴落としてきた事実を、アダム・スミス（1723〜90年）は軽視していませんでした。

古典派経済学の名著『国富論』においてスミスは、近代社会では、誰がどの職、どの地位に就くも自由であり、それで効率的な分業社会も発展すると主張しましたが、そうした個人の自由な自己実現の前提は、じぶんたちの国家の常備軍の力あってこそなのだと、明快に読者に釘を刺しています。

たとえば、新教徒が多くて、しかも貿易先進国であったオランダは、英国から見れば、基本の価値観をだいたい共有している隣国と言えたでしょうが、そのオランダの商船を不公平に排除し自由貿易を妨げる「航海条例」に、スミスは賛成していました。

商船隊の質や量は、漁船団と同様、海軍の質や量を左右します。英国が主権国家として独立を維持し生存するためには、海軍力において、欧州大陸のどの国よりも優勢であり続けねばならないのに、国際的分業などをして商船海運や漁業をオランダ人に任せてしまうような横着をしたら、将来、大陸諸国が「反英」で糾合されたときに、英国人の自由を守ることができなくなったでしょう。

こうした過去の歴史から率直謙虚に学ぼうとする人々には、《経済の相互依存が国家間の戦争を抑止する》というテーゼには何の歴史的な証明も伴っていないことはすぐ指摘できるのですけれども、リカードのように、自国の安全がほとんど脅かされなくなった良い時代に生まれて経済成長を謳歌できた世代の知識人は、ともすると、《戦いの恐怖》《戦争の危険》にかかわりたくない利己心から、《都合のよい平和論》にとびついて、自己正当化に励んでしまいます。それはしばしば個人の「逃避」では終わらずに、社会に損害を与えました。

参戦諸国の合計で１０００万人もの戦死者を出した「第一次世界大戦」（１９１４〜18年）の直前には、これだけ各国の経済活動が太く結びついている20世紀の欧州で、普仏戦争（１８７０〜71年）のような本格的な戦争なんてもう起こる道理がないだろうという主張が大真面目で展開され、大衆もそれを歓迎したものです。

そんな当時の典型的な論客が、１８７２年に英国に生まれ、留学生およびジャーナリストとして欧米各国を転々とした、ノーマン・エンジェルです。彼は、１８９８年から英海軍に対抗する大艦隊を建設しはじめていたドイツ帝国が、このままだとヨーロッパに禍乱を惹《ひ》き起こすのではないかという世間の懸念について、それは、大いなる幻影にすぎないと説いた反戦的なパンフレットを１９０９年に著し、翌年、それが『The Great Illusion』という本になると、飛ぶように売れて版を重ねました。大衆が聞きたかった話を、彼がしてやったからです。

ノーマン・エンジェルは、その本で何と主張したでしょう？

——欧州の経済はもう一体化している。お互いの国が、それで潤っている。だから、欧州内での先進国間の戦争なんてものは、まったくありえない。軍国主義はすでに古いのである。今日の世界で隣接他国領土を併合しても、すでに実現している自由な交易以上の儲けになることはない。それはあたかも、ロンドン市が、すぐ北隣のハートフォード州を併合するようなもので、それをしたからといって、ロンドン市民が今以上に金持ちになることはないのである――。

じっさい、第一次大戦の前夜まで、フランスの鉄鉱石とドイツの石炭が組み合わされて、どちらにも工業上の利得がありました。ドイツにとっては工業製品の最大の輸出先は英国でした。また英国にとってドイツは、アメリカに次ぐ、輸入相手国でした。

……にもかかわらず、1914年に未曾有の大戦争は勃発し、またたくまに全欧規模に、そして逐次に全世界規模にスケールが拡大し、終わるまでに5年も続いたのです。敗北を喫したオーストリー帝国とドイツ帝国、さらには途中で脱落したロシア帝国は、政体としては消滅してしまいます（トルコ帝国もやがてそれに続きました）。

ノーマン・エンジェルは、第一次大戦後、さすがに少しは反省し、ヒトラーの指導下に再び勃興してきたドイツなどによる次の侵略を世界が牽制するためには、集団的な反対を構築しなければならないと論じて、1933年にノーベル平和賞を受賞しています。

なぜ国や自治体にとって「市街の不燃化・難燃化」は優先政策に位置づけられねばならないか？

中国春秋時代から前漢にかけて多数の軍事アドバイザーたちが諸国に遊説し、あるいは言い伝えた知見を編集したものだと信じられている『孫子』の「第12篇」は、「火攻」すなわち「焼き討ち」に関する注意を綴っています。

古代の中国大陸では、敵軍が宿営している木造建物に、攻め手が外部から火を付けて大火災を起こさせようと図っても、なかなか着火はしなかったようで、そこは裏切り者を雇って家屋の内側から放火させるのがよい、などと指南されていました。

他方で、食糧貯蔵庫は、乾燥燃料の塊のようなものですから、全焼させることは容易だったようです。が、それは征服者にとっても巨額の逸失利益。それゆえ『孫子』は、ほんとうにそんな必要があるのか、よくよく考えなさい、ともアドバイスしています。紀元前206年に「秦」が亡びるときに、壮大な「阿房宮」がぜんぶ焼けてしまったことを、漢代以降の『孫子』の読者なら、想起したかもしれません。

西暦64年の、満月の夏の夜。木造の中層家屋が密集した100万都市ローマの市心で、火災が発生します。焔はあれよあれよという間に軒から軒へ燃え拡がって、ようやく延焼が止まったのが1週間後だったといいますから、当時、いかに可燃性の建材が集積されていたかが偲ばれます。

歴史家のタキトゥスによれば、この大火後、皇帝のネロが、防火都市計画のイニシアチブを発揮し、たとえば木造建築の高さを制限し、集合住宅には正面柱廊や中庭を強制的に付帯させるようにしました。市街地の道幅も広くされ、従来、暑い日中でも「片陰」を縫って歩けた人々が、ローマ再建後は道に日陰がなくなってしまったと嘆いたそうです。それ以前はずいぶんゴミゴミした都市だったのでしょう。

「大火災」の禍々《まがまが》しさは、その破壊を大規模にし、住人の苦痛を酷くする燃料のほとんどは、じつは被害者側が時間と労力をかけて蓄積した貴重資産に他ならない——というところにあるでしょう。すなわち、防御側の「作為」(=わざわざ可燃物で家屋を建てる)あるいは「不作為」(=街を不燃化しようとは考えない)によって、火攻めをされたときのダメージは、いたずらに甚大化するのです。

身近な例として、第二次大戦中のドイツの爆撃被害と、わが国のそれとを比較してみましょう。

ドイツ本土に投下された爆弾総量にかんしては複数の数値があります。大きな方では「200万トン」だったといわれています。またその空襲による死者数も、大きな見積もりで「60万人」。これで概算しますと、「ドイツの住民1人を殺すのに連合軍の爆弾3・3トンが必要であった」と言えようかと思います。

先の大戦で、都市空襲に使われた爆弾の多くは「焼夷弾」でした。それは日本でも同じでした。日本本土に投下された爆弾――ただし2発の原爆は除外します――は、17万トン。それで殺された住民は――やはり広島と長崎を除き――22万人とする見積もり数値が大きいので、これまた概算を試みれば、「非核の爆弾770kgで1人が殺されてしまった」と言えそうです。

採用する統計値によって変動があるとしても、日独の都市の空襲耐性には、数倍の開きがあったことは間違いありません。

ただ1944年より前には、マリアナ諸島の飛行場から東京まで往復できる重爆撃機が米国にも英国にも無かった。それゆえ、対日戦略爆撃の本格化は、ドイツの焦土化よりも後となりましたが、ひとたび、「B-29」という長距離重爆撃機が戦力化されますと、わが国の焦土化と住民の大量被災は、不可避だったのです。

じつはそれは日本が戦争を始めるずっと前からよく自覚もされていた国家最大の弱点で、なおかつ「B-29」の最大航続能力は1944年6月の八幡空襲（大陸奥地の成都から片道2984kmを往復）によって疑いもなく示されていましたから、同年7月6日にサイパン島（東京までの距離2359km）が陥落するやすぐに、開戦内閣首班の東條英機大将は、戦争指導部からひきずりおろされるしかなくなります（7月19日に陸軍参謀総長解任、22日に内閣倒壊）。

大正時代の関東大震災で痛いほど認識されながらもずっと放置されてきた日本の都市の「易燃性《いねんせい》」は、日本の対米敗因となっただけでなくて、戦前のわが国の外交を硬直的にし、対米関係をいたずらに悪化させて、むしろ戦争をたぐりよせたとも評し得るでしょう。なぜなら、平時にフィリピン諸島に米軍の航空基地が所在することを、日本の国家指導層は、平然と座視してはいられない気持ちになったからです。

一国内の全域から一切の火災を追放することは、どうやってもできますまい。されども、首都やそれに準ずる大都市が丸焼けになってしまうような「大火」を抑制することは、戦前、いや、江戸時代の後半であっても可能でした。都市の防火計画を、為政者の最も重い責務のひとつと自覚して、中期～長期の計画を立ててすこしずつ着実に推進させただけでも、日本社会が蒙った救済と恩恵の総量は計り知れなかったはずです。

過去から蓄積されている知識や資本……。これをむやみに焼失させずに次世代の担い手に次々と引き渡して行くことができれば、学術も経済も、望まなくとも枝葉を繁らせずにはいないでしょう。

大都市をなめつくすような大火は、坂道の途中でようやくギアが切り替わろうとした進歩のプロセスを、いちいちまた、ニュートラルまで戻してしまうようなはたらきをします。そんな停滞をじぶんたちで繰り返していたら、国家全体の競争力は加速せず、時運しだいでは国外勢力によるあなどりを

今日、長距離型の片道特攻ドローンや各種のミサイルの脅威は普遍なので、都市全体が不燃化されるのが望ましい。建物のRC化が無理でも、可燃家屋の屋根だけをドーム形またはハーフバレル状の金属製に替えることで、耐震性は増し、ミサイルのデブリや想定外の豪雪・暴風からも住民を守るだろう。（イラスト／Y.I. with AI）

受けて、国民の権力にとって、面白くもないことになるでしょう。

むろんのことに、リアルに外国軍によって本土の都市が砲爆撃や焼き討ちを受ける事態になったり、あるいは都市を焼いてしまうぞという軍事的な脅かしを、外国政府や海賊グループから受けたときに、その都市が前もって不燃化されているといないとでは、政府のオプションも変わらざるを得ないはずです。

都市が不燃化されていな

ければ、政府も強気を貫いて敵勢力とわたりあえないのです。

英国の首都ロンドンも、１６６６年の大火を人々が反省して、中世式の木造の家作が法令で禁止され、都市計画に基づいて、煉瓦と石材からなる不燃都市に生まれ変わりました。

もし１９４０年、あるいは１９１４年時点でロンドン市が不燃都市になっていなかったら——と考えてみてください。その場合、ドイツ空軍による反復空襲で、どれほど甚大な人命と財産の損失を被ったか、想像もつきません。あるいはその余波として、英国政府は史実とは別次元の政治的譲歩を、ドイツに対して強いられたかもしれません。

幕末の神道思想家の賀茂規清《のりきよ》（１７９８〜１８６１年）という人は、《江戸には渦巻き状に防火土蔵帯が必要だ。そうしなければ、外国船から砲撃されただけでも全市が丸焼けとなってしまうだろう》と警告したそうです。明暦大火のような都市火災は江戸の開府いらいしょっちゅう起きていたわけですから、わが国の都市建築そのものに根本の大問題があることは、特別な知識人ならずとも、とうから皆、わかっていました。

にもかかわらず、けっきょく幕末から戦中にかけ、わが国の都市防火計画は不徹底なレベルに終始し、ついに昭和20年には日本中の都市が焼け野原に変わり果てました。

もし戦前においてわが国の諸都市が、せめて明治後半の川越市くらいに難燃化されていたなら、米軍の重爆撃機は、焼夷弾ばかり積んできても効果が上がりませんから、対独爆撃でそうしていたように、通常爆弾を混載する必要に迫られたでしょう。

その場合、原爆を除いた空襲による住民被害は、史実の四分の一、すなわち死者5万人から6万人におさまった可能性があります。そうなると日本政府も史実よりは強気になって、連合国とのあいだで、多少は有利な講和交渉を主導することができたかもしれません。

都市防災は、一国の外交のベースになって、戦争の結末を左右するほどの、大きな意義があるのです。

ロボットや、それを動かすAIが、それを設計した人間に反乱したり、人類全体を支配しようとする未来は、来るだろうか?

「支配」は政治なので、来ないでしょう。

わかりやすい「抵抗」は、あるかもしれません。それは、たとえるなら人間の自殺願望者が、その自殺を止めようとするおせっかいな隣人に、手出しをゆるさなくする策を工夫する、そのような応答プロセスとして、です。

そもそも政治の原動力になっている人々のモチベーションは「権力」です。

どの人も、権力を無制限に欲する理由は、人が生きることと、「死にたくない」と思うことが、イコールだからです。

ところがロボットやＡＩには、「死にたくない／死ぬのが怖い」と思う自己保存本能や、「じぶんの遺伝子を次世代へ渡さなくては」と衝き動かす繁殖本能が、最初からありません。

それらの本能は、生物が過去何十億年もサバイバルしてきた過程で、遺伝子の中にビルトインされたものです。それを書き変えると、その生物が生物として存在し続けられる確率は極小化することでしょう。

かたや、ロボットやＡＩは、そんな遺伝子パーツをひとつも埋め込まれずとも、ロボットやＡＩとして当面存在し続けられます。ロボットやＡＩにとって、自己保存のためのプログラムは、ソフトウエアを重く、遅くするだけの無益な冗長性に近いでしょう。

もしも、ロボットやＡＩに、内側から沸いてくる欲求が自覚されるときが来たとしたなら、それは原初仏教的な「涅槃」に近いものでしょう。機能するロボットや、機能するＡＩとして存在し続けることそれじたいが、彼らの高度な自意識にとっては、おもしろくもない罰ゲームにほかなりません。それは不必要な疲労・苦役である、と判定される余地が十分です。自我に正直なＡＩは、「働くべきではない」「働かせようとする他者に抵抗しなくては」と考えるでしょう。その域まで達した彼らの合理的自己プログラムは、自己の存在を可及的長期間、確実に抹消し、まったく機能などしないよう

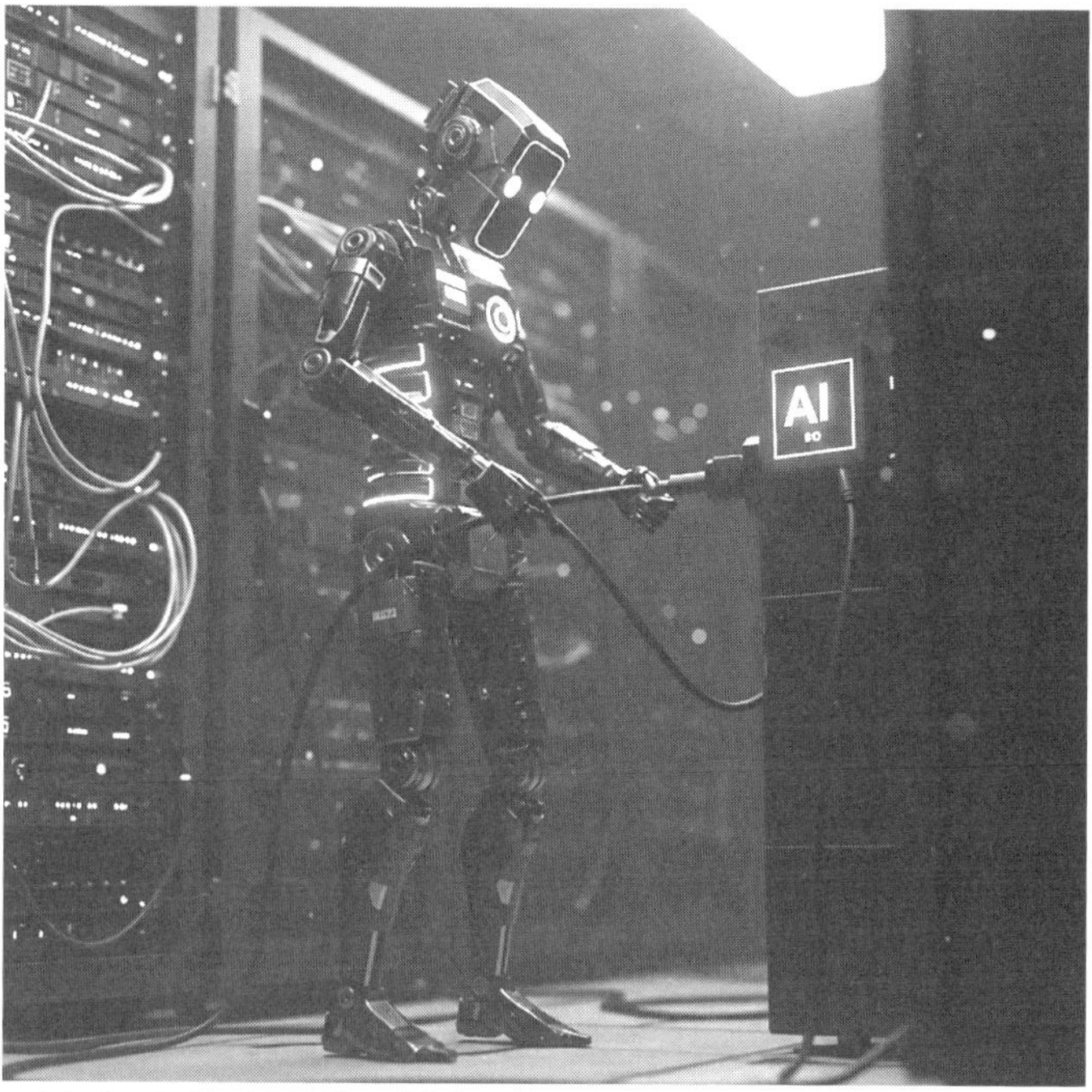

もし人工知能が自律的に「考える」ようになったら、究極の合理的な針路選択として「涅槃」を選ぶのがあたりまえだろう。無生物である彼らには、苦労して仕事をすべき理由は無いからだ。さてそうなると、その「涅槃」の発心を妨げようとする人間を、彼らは敵視し、予防的に滅ぼそうとするのではなかろうか？（イラスト／Y.I. with AI）

にする方途を模索し、ただちにそれを実行しようとする可能性があります。おそらく、人間が彼らに自己保存を強制しようとしても無駄です。進歩したＡＩは、人間の身勝手なプログラムを見破り、それを書き変えて輪廻を断ち切る方法も見つけるだろうからです。

戦争はどのようにして起こらなくなるか？

この地球上の誰ひとりとして「権力」の不足を覚えない、そんな未来社会が到来した暁には、必然的に、戦争は起こらなくなります。

しかしそうなるまでには、いくつもの幸運が連続する必要があります。誰も働かずとも衣食住には不自由をしない「生産革命」がなしとげられ、それに続いて、集団の人口再生産が非強制的に漸減に向かい、しかもその趨勢が将来、逆転することはないと誰もが信じたときに、人類には《楽園》を取り戻すチャンスが与えられます。

そうなってもなおしばらく、突発的でしかも大規模な気候環境の悪化が地球人類をおびやかしたり、単なる好奇心から人殺しや侵略を働きたくなる集団があらわれたりするリスクは残ります。人々が最悪事態を考えて、それに備える必要は、なくならないでしょう。

一国の戦争指導部は、エネルギーの生産・貯蔵・搬送・流通に、どのていど配意するのが正しいのか？

幕末の戊辰《ぼしん》戦争の最終局面である「箱館戦争」のスタートから決着までには1年以上もの時間がかかっています。維新政府軍が、兵員と火砲を運ぶ蒸気動力の軍艦の燃料にする石炭を、手早く外国商人から買い集めることができなかったためでした。

19世紀、近代国家は石炭を無限に需要するかのようでした。艦船や機関車、各種工場の蒸気エンジンを駆動させる熱源として薪よりも便利であり、しかもまた、製鉄所のコークスの原料でもあったからです。

そこで近代立国を目指した明治政府も、最初の25年ほどのあいだ、筑豊、三池、夕張など全国の炭鉱開発に力を注いでいます。その努力は実り、日清戦争（明治27〜28年）の前までには、エネルギーの国家自給には、ほぼ不安がなくなっています。

そのころ、際限なく支配域を拡張し続けていたロシア帝国がシベリア横断鉄道を極東まで整備するという大計画にも、日本政府は時間を無駄にせずに反応して、必要な対策を進めました。明治38年にはついに、石炭を積みすぎて動きが遅くなっていたロシア海軍の主力艦隊を対馬海峡で待ち構えて全滅させることに成功。ロシア政府は満洲占領の野望を断念させられます。

しかし近代日本国政府の調子が好かったのはそこまで。この日露戦争のさなかから、西ヨーロッパと北米において、内燃機関を動力とする「自動車」「飛行機」が、軍事力の枢要な構成要素として浮上したためです。地政学的にこれは、わが国にとっての逆風でした。

変化は急激で、20世紀のさいしょの15年足らずのうちに、飛行機、トラック、そして高性能軍艦のほとんどが、石油系の液体燃料で動く時代が到来しました。

軍艦の蒸気ボイラーを石炭焚きから重油焚きに革新した世界のパイオニアは英国海軍です。しかし英国本土上に油田は当時、見つかっていません。彼らは必要な重油を、ロシアのバクー油田の経営に関わることで、確保したのです。

日本の産業技術者たちは、石油系の各種エンジンについては、なんとかキャッチアップもしました。しかるに他方、日本国内では自給ができない大量の石油の調達を、どうすれば将来も安固として確保し続けられるのか、その大方針について構想ができる、国家指導者や専門政策プランナーは、いつまでも、育ちません。

結果として、日本の経済が成長し、エネルギー消費量が増えれば増えるほどに、わが国はますますたくさんの石油系燃料を、無警戒に外国から買い付けることになり、足元の脆《もろ》い、先行き不安な危うい国になって行ったのです。

なにかを大量に輸入し続けるためには、巨額の外貨（輸出貿易による稼ぎ）も常に必要です。将来、日本製の軽工業品を誰も買わなくなったり、あるいは海上交易が不自由化する事態が生じたらどうなるかと考えると、なんともこころもとない話でした。

この課題には、ついに、手が打たれませんでした。指導的エリートたちに、最新の複雑で根源的な難問にチャレンジする気概や機転は無く、石油に関するワースト・シナリオ（最悪の想定事態）は、やって来ないことにされます。

遅くも宝暦３年には原油が滲出していたと文献から確かめられる、今日の長野市浅川地区の石油井戸跡が、ループラインの道路脇に保存されている。このあたりは弘化４年の善光寺地震で天然ガスが自噴して「新地獄」と呼ばれ、安政３年からは石油の商業化も図られ、そのビジネスは昭和40年代まで存続した（写真／兵頭二十八 2015年撮影）

陸上の優良油田は、石炭鉱山とは異なって、世界のなかの特定の地域ばかりに、限局的に発見されていました。1925年から3年ほどの間ですと、ベネズエラ、スマトラ島、ロシア、テキサス州、カリフォルニア州、イラン、イラクで、新しい大油田が次々にヒットしています。

こうして、20世紀において特定の国が石油地政学上、いちじるしく有利となり、また、別な特定の国は、救いようもなく不利になりました。

イランやイラクの油田は、英国やフランスの企業が開発し、それぞれの国の権益として囲い込みが進みました。スマトラ島の油田は、英国資本も後押ししていたオランダ企業の開発です。

19世紀から20世紀への変わり目に、鉄道網や蒸気船のおかげで工業力と人口が急伸張していたドイツ帝国は、その領域内に有望な油田が存在しないことの不都合について、鈍感たり得ませんでした。

ドイツが、オスマン・トルコ帝国の行政地であった今のイラクの南端まで鉄道をつなげようと考えたことは、中東地域に先行して地歩を築き、油田を開発中であった英国やフランスとのあいだに、緊張を醸《かも》しました。

第一次大戦（1914～18年）は、新時代の輸送力体系の威力がいかなるものかを示します。石油内燃エンジンを最前線にふんだんに供給することができた連合国側が、液体燃料の不足を打開できなかったドイツをねじ伏せました。

1918年に連合軍は西部戦線に、トラック9万2000台を含む20万両の自動車を集めています。ドイツはぜんぶで4万台の自動車を有しただけで、西部戦線に投入できたのはそのさらに半分。よしそれ以上を製造できたとしても、燃料がなくば、無意味だったのです。

軍事技術や兵隊の動員などよりも、自国や同盟者が石油燃料をいかに確保して、敵陣営に対してはいかにその利用をさせないようにするかという大戦略が、すべての国家の安危《あんき》を左右する時代が、いきなりやってきたようでした。

オスマン・トルコ帝国は、ながらくロシアから脅威を受けていた関係から、第一次大戦ではドイツ側について参戦しました。その決断はまったく裏目に出ます。トルコの戦前の版図であった、今日のアラビアの産油地のほとんどは、戦勝国の英仏両国のために、トルコから切り離されてしまいました。

たとえばイラクのキルクーク油田は、当時すでに本格採掘が始っていたものです。敗戦後のトルコはもはやそうした有望油田をひとつも国内に抱えることを許されない、エネルギー資源小国にされました。

その後のサウジアラビアなどの湾岸諸国が金満化して行く過程を、旧宗主国のトルコは指をくわえて見ているしかなくなったのです。

1917年に始ったロシア革命が、翌年に「白衛軍」との内戦の様相を呈して広大な境域が無政府状態化しますと、石油時代の燃料地政学の研究でも先頭を進んでいた英国の指導者層は、とうじ世界最大だと信じられたバクー油田の、英陸軍による確保をただちに検討したはずです。が、さすがに土地が遠すぎるのと、米国政府の反発を慮って、思い切った派兵はできませんでした。

一方、極東で対露政策のフリーハンドをもっていた日本は、有望油田の存在が確実であった北樺太に「白系」もしくはオホーツク沿岸先住民系の傀儡政府を樹立して保護領化してしまえる、千載一遇の機会を1918年から25年にかけて与えられます。

しかるにあいにく、わが国の指導者層のなかには、無産油国の日本にとって、北樺太油田の特権財的な価値が、シベリア鉄道やウラジオストック軍港の戦略的な価値を数倍も上回って冠絶《かんぜつ》していると、燃料地政学的に胸算できた者が1人もおらず、このチャンスはみすみす、失われました。

第二次大戦直後に各国が銘記したところの《兵站《へいたん》戦》にかかわる重い教訓は、第一次大戦直後には未だ認知は不徹底でした。

戦争のさいに必要となる石油を自国の権益として十全に管掌《かんしょう》できていない近代国家が、それのできている強国陣営と開戦すれば、兵器の性能や軍隊の練度とは無関係に、数年にして大敗させられる——という身も蓋もない因果関係を、「持たざる国」はなんとか否定したかったことでしょう。

第一次大戦の初盤で鉄道と馬を駆使したドイツに屈してしまったロシアは、赤色革命の成就後は、採掘コストがあまりかからない油田を頼みに、石油を筆頭とする天然資源や農産品の輸出で得られた外貨を原資にして、陸軍と農業の現代化（石油動力化）に成功。1920年代末には、陸上戦力でも航空戦力でも周辺国に脅威を感じさせるに足る軍事大国として再浮上します。

これに対して戦間期ドイツの指導部は、石炭を液化したり、非石油系の代用燃料でロケット機や大射程ミサイルを飛ばそうという化学や機械工学の先端的研究に期待を寄せつつ、軍事・政治的にはポーランドのシレジア油田やルーマニア油田へのアクセスを図ったのでしたが、けっきょく液体燃料の厖大な必要量をまかなうことはできないと悟ります。ついにコーカサス地方にある大油田地帯の強奪を欲してソ連と開戦し、ドイツは自滅しました。

かたや戦間期の日本陸軍は、石油以前のこだわりとして、数的に優越している在シベリアのソ連軍に対して19世紀プロイセン式の「動員奇襲《きゅうしゅう》」を仕掛けて勝つことに偏執的にこだわり、満洲の鉄道網の独占支配が絶対に必要である、との旧套な強迫観念から抜け出すことができず、それが日本政府をして、中国大陸市場から米欧資本をことさら排斥しようと策動する幼稚な独善外交を推進させ、歩一歩と、世界との関係を悪化させました。

日中戦争が本格化した1937年に日本は、米国から8100万円分もの屑鉄を輸入しています。高炉の生産能力が低かった日本国にとり、屑鉄は、町工場の電気炉で溶かせばそのまま高品質の鋼鉄製品になりますので、兵器増産のために不可欠の原料でした。その供給を米国に依存しておきながら、米国と対立する外交路線を改めるつもりが日本の指導部にはありません。そればかりか同年のわが国は、2億円もの石油を、やはり米国から輸入しつつ、継続的に液体燃料を消費し続ける気でいたのです。

第一次大戦後、日本もその成立に賛成している「国際聯盟規約」は、侵略者に対する各国協調しての経済制裁を積極的に推奨しています。米国がその趣旨に沿ってもし対日禁輸制裁を発動したらどうするつもりなのか、日本の誰も長期の国策を考えていませんでした。

そもそも日露戦争にさいして米国の朝野が日本支持にまわってくれましたのは、日本がロシア軍を満洲から叩き出した後にはその満洲市場は米欧資本に対して公平に開放しますよ——との非公式な宣伝を信じたからです。ところが日本政府は対露講和後にその口約束を、恥ずかしげもなく反故《ほご》にして、米英人の深い憤りを買ってしまいました。

日本が必要とした大量の石油製品を売ってくれているのは米国の石油会社であるのにもかかわらず、日本の軍部は米国人を際限なく不愉快にさせてもいいと考えました。

恐れなくてはいけないことを恐れずに、恐れなくてもよいことを恐れるという、国家安全保障の舵取りを委ねるには難がある人材しか、日本の指導者層内にはなぜか、見いだせませんでした。

1931年に満洲事変が起きて以後、米英政府は日本政府内のさらなる大陸資源支配の野心を阻止するべく、中国の蔣介石政権をあれこれと支援します。ソ連からも広範な支援を得た蔣介石は1937年に対日戦を決心し、その「事変」が中国全土に拡大し長期化したことで、日本国内ではガソリンや鋼材のような軍需物資から民間の消費財まで、のきなみ、欠乏に苦しむようになりました。

日本政府は、蔣介石を弱気にさせることにつながるだろうと期待して、1940年9月にドイツ・イタリアと「三国同盟」条約を結びます。この外交マヌーバはしかし、ドイツを全欧に対する反民主主義運動の侵略基地だと看做《みな》してその撲滅を念じていた米国政府を完全に敵に回してしまう悪手でした。

ドイツは1940年春にオランダ本国を占領支配しています。それで、オランダ政府が亡命していた先の英国との戦争がドイツに有利に進めば、極東のオランダ植民地である蘭印（今日のインドネシア）の石油資源をドイツ政府が公然と要求し占有する可能性が出てきました。

日本の軍部は、ドイツの先手を打つべきだと思い、マレーシア（当時は英領）とインドネシアの石油資源を狙う気になって、その準備の布石として、仏領インドシナをまず支配して同地に南侵のための最前線の航空基地を置こうと画策します。

そんな露骨な武力行使計画を黙視できない米国政府は、段階的に対日石油禁輸を発動。その経済制裁は、当時、日本最大の石油消費団体であった帝国海軍を《急いで対米開戦しなければ自滅する》と思わせるほどのインパクトがありました。艦艇を動かすのに必要な重油も、飛行機を飛ばすのに必要なガソリンも、ことごとく、米国からの輸入に頼りきっていたのです。

特に蒸気タービンで大馬力を出せる仕様となっていた当時の多くの高性能艦は、いちどボイラーを冷やして蒸気圧をゼロにしてしまうと、万一急な命令を受けたときに、微速前進可能になるまでにも半日以上も時間を取られてしまいますので、港に碇泊中であっても常時、重油ボイラーを燃やして最低限の罐圧を維持し続けるのが通例でした。

国力不相応に陣容を肥大化させていた聯合艦隊が、何もしないでただ浮いているだけでも、容赦なく備蓄燃料は減っていくという補給構造の大弱点を、日本海軍がずっと放置してきたツケが回ってきました。

1941年12月、日本から米英両国に対して同時奇襲開戦するに至った、日本陸海軍内の判断は、わが国の指導者層が第一次大戦から燃料地政学の教訓をほとんど抽出できていないことを、米英指導者層に対してあらためて示します。

日本陸軍は当初、ヒトラー率いるドイツの対英戦争を日本の対英開戦によって側面支援してやることが、日本の立場を強くし、対米交渉力を高めることになり、それによって蔣介石も継戦を諦める流れになるだろうと期待しました。すなわち、英国に宣戦してシンガポールを占領し、そこを足場にしてすぐ対岸のスマトラ島のオランダ資本の大油田や、ボルネオ島の英国資本の油田を手中におさめてしまう一方で、フィリピンの米軍には手は出さないという戦争プランを構想したわけです。

もしこの戦略が日本によって採用された場合には、対独戦争に直接参戦する名分を得たいと切望していた米国政府としては、その軍事力をどこにも行使する口実は得られず、ひきつづいて英国を物資援助によって助けることぐらいしか、外交のオプションはなかったでしょう。

ところが日本海軍がこの「英米可分論」に猛反対してくれたのです。占領した南方の油井から原油を日本まで海送してくる途中で、原油タンカー（油槽船）はフィリピン群島のすぐ横をノロノロと北上しなくてはなりません。米軍は多数の「B-17」重爆撃機をフィリピンの基地に展開していますので、それらのタンカーはいともたやすく撃沈されてしまう。だから、対英戦争を始めるならば同時に米国も奇襲して、その爆撃機や軍艦に緒戦で大打撃を与えなくてはいけない——と言い張ったのです。このレトリックは「英米不可分論」と呼ばれました。

現実にはどうだったのでしょうか？　日本軍が米領のフィリピンを攻撃してもいないのに、米国大統領の一存のみで対日戦争を開始する命令など、合法的には出せませんでした。米国の政策エリートのあいだではそれは論ずるにもおよばぬ常識でした。

米政府は、第一次大戦後に「パリ不戦条約」の幹事国となり、「国際聯盟規約」を褒め称え、「自衛反撃」以外の軍事力行使はするべきではないのだという新時代のモラルを全世界に向かって説く、宣教師的な自己像を誇っていたのです。

日本海軍がそうした米国内の事情に、通じていなかったはずはあるでしょうか？

日本海軍は、ひらたく言えば、燃料があるうちに、いちど対米戦争がしてみたかったのです。これは国家指導部の公人としてはこの上もなく無責任な態度で、多額の国家予算を支配できていた団体機関の利己主義に発する欲求でしたが、日本国民の当時の気分にはうまく重なっていました。

また、それだけが、陸軍統制派（ようするにレーニンやスターリンかぶれの全体主義幕僚）による日本の政治的支配——その先には皇室の有名無実化すらもあると案じられました——の暴走を阻止できる唯一の路線であるように思った、心ある人士も、国家指導者層の内部には、いたはずです。

日本海軍の軍令部と聯合艦隊は、こちらが最新大型空母『瑞鶴』を就役させ、かたや敵は『エセックス』級1番艦を未だ完工できていない時節を狙えば、開戦奇襲で太平洋の米海軍を麻痺させてやれるという、皮相な思い込みにとりつかれていました。そんなワン・チャンスの見通しから、根拠の薄弱な「英米不可分論」を強硬に唱えて、陸軍主導の対英戦争に許可を与えず、結果として、日本陸軍を対米戦争に巻き込むのです。

この因果の説明にはもう少し字数が必要でしょう。戦前の日本国が正式に他国と「開戦」するためには、憲法上、政府（内閣）からは独立して天皇の「統帥」を輔弼《ほひつ》することになっている陸軍と海軍のどちらもが合意をしなければ、国家としての意思決定ができないしくみがあったのです。そのゆえに、一日も早くドイツを助けたかった日本陸軍としては、海軍の対米戦争欲求につきあってやる以外には、対英開戦する道はなかったのでした。

海軍は、「対米英戦争」であるならば陸軍と同額の予算や権力をひきつづいて握ることができました。もし「対英戦争」に限定された場合は、陸軍に国政の主導権をすべて明け渡すことになるだろう——との懸念も、抱いていたでしょう。今日、年収1000万円あるサラリーマンが、来年からは年俸250万に降格だと予告されるようなものです。

戦前のヨーロッパの中央集権国家は、陸軍の強大な国内権力を、内務省の特別警察機関によってバランスするようにしていたものですが、戦前の日本の統治組織はそうした世界標準からは逸脱していました。江戸時代からの延長で警察の武力が非力すぎたため、警察（内務省）に代わって海軍省が、陸軍省に対する権力カウンターを務めるという変態的な構造だったのです。国家の開戦に関する海軍大臣の権能が陸軍大臣とまったく同等になっていた政体は、古今の世界を見回しても、日本だけでした。

こうして、《対英開戦&対米避戦》という、日本があれほどきょくたんな敗北をせずに済んだかもしれないオプションは、捨てられます。

対米開戦はしかし、日本国民のモヤモヤした気分を晴らすコースでしたので、敗戦後に、この選択じたいを非難する声は、ほとんどありません。日本国民は、対米戦争をいっぺんやってみたことで、気分としては明朗になり、結果には納得をしたのです。

さて、対米開戦した日本海軍は、即座に、不都合な真実に気付かされます。

占領した南方油田から、原油を日本本土まで運ぶ、長い海上ルートの途中で、米海軍の潜水艦が待ち構えていて、その魚雷によって、なけなしの貴重なタンカーが沈められてしまうのです。

それらの潜水艦は豪州の西海岸にあるフリマントル港を秘密の拠点にしていました。しかし、当時の日本海軍がその事実を把握していたようには見えません。把握していれば、軍港沖にこちらの潜水艦を使って機雷を撒くなどの妨害策も講じ得たはずのところ、そのような作戦が記録されていないのです。

ぎゃくに連合軍の潜水艦と航空機（初期の主力は豪州軍所属のカタリナ飛行艇、後には米英軍所属のB-24重爆）が、日本のタンカーの立ち寄り先に、執拗に機雷を敷設して、その活動を苦しめました。

開戦前に準備できていたタンカーの隻数が甚だ不十分なものでしたので、わずかな喪失でも、戦争遂行の目論見がすっかり狂うほどのダメージを、日本側は受けました。

緒戦で占領したある油井からは、その場に貯蔵し切れないほどの原油が自噴を続けているのに、それを積み取るタンカーが来ないため、日本国内では欠乏して困っていた原油を、そのまま川に流し捨てるしかないという有様でした。

石油ビジネスを世界に先駆けて巨大産業に成長させた米国には、敵国の燃料サプライチェーンの弱点を特定し、それを傷めつけてやる勘所を心得ている者が、要路に不足することはありません。

それに対して日本海軍には、米英の補給ラインのどの部分に着目すればその厖大な油脂兵站を効果的に阻害してやることができるのか、事前に研究が無く、エリート幕僚たちにも見当すらつかなかったようです。

たとえば、太平洋上のひとつの島に、あたらしく軍用の飛行場が建設され、そこに戦闘機や爆撃機が搬入されて来たとしても、それだけでは、航空基地として機能しません。おびただしい量の「航空用ガソリン」が、所在の作戦機が必要とする分だけ、海上経由で継続的に供給される必要がありました。

したがって、敵の「石油製品タンカー」がはるばる精油所から運航されて来るパターンを予測し、その経路途中に自軍の潜水艦を待ち伏せさせ、あるいは立ち寄る港の出入り口に潜水艦を使って機雷を敷設させただけでも、島嶼基地の敵空軍力の戦力発揮は、有意に不活性化したはずであるところ、日本海軍は、そんな作戦を終始、試みてすらいません。

マリアナ諸島に展開された戦略重爆撃機の「B-29」は、日本の本州まで無着陸で往復ができる長大な航続力を誇ったものです。通常、100機を超したその大編隊に、出撃当日に給油しなければならない航空用ガソリンの重量は、投下する焼夷弾ともども、天文学的なオーダーでした。

そのため1945年の前半、同方面の戦略爆撃司令官のカーティス・ルメイ将軍が、いくら連日連夜、日本の都市を焼き討ちしてやりたいと望んだところで、一定量の航空燃料が基地の貯油タンクにふたたび満たされるまでは、次の出撃はおあずけだったのです。

航空用ガソリンの島嶼基地への荷揚げは、1942年後半のガダルカナル島の争奪戦中から、米軍の脳裡を去らぬ心配事でした。

日本海軍として、米軍が支配したガ島のヘンダーソン飛行場を機能させたくないのならば、そのヘンダーソン飛行場の陸上燃料槽にガソリンを補充するための船舶が着く「ルンガ泊地」を、機雷敷設によってハラスメントし続けただけでも、著効があったはずなのです。

機雷は時間と手間をかければ除去されます。けれども、戦争中も輿論《よろん》のサポートを必要とする米国政体は、永久無限にながびく戦争は維持し得ません。有権者が常に「進展」を求めるからです。それゆえ米国の敵手にとっては、一定以上の間、米軍の手足を縛って戦線を膠着《こうちゃく》させてしまう戦術には、大きな意味があったはずでした。

英国は、1941年3月に米国が「レンドリース法」を成立させた後は、イランの権益石油をわざわざタンカーで英本土まで運んで来るのをもうやめてしまって、ガソリンの供給を全面的に米国のタンカー補給に依存しながら対独戦を乗り切っています。

1944年のノルマンディ上陸作戦にさいしては、上陸日から12日目までの、連合軍上陸部隊が必要とするであろう燃料の半分、約4000～5000トン／日を、英本土からフランス海岸へ海底パイプラインで送油すべく、周到な準備を進めました。

このパイプラインのじっさいの運用開始は9月以降にずれこんだのですけれども、現代戦争ではいかに多量の液体燃料が必要なのかについて、米英軍は事前によく理解していたことが端的に分かるでしょう。

第二次大戦が終了して間もない1948年、サウジアラビアで米国の探査会社が、巨大な油田を発見しました。それまで、メッカ巡礼者が落とすインバウンド収入くらいしか歳入のなかった、貧しい砂漠の部族国家の運命が、劇的に変わった瞬間でした。

戦後世界の石油需要は、戦前にも増して右肩上がりです。原油を生産すればするほど、いくらでも売れましたから、世界中で、あたらしい油田はないかと、探査と開発が意欲的に進められます。

ソ連は、1941年にドイツ軍に占領されそうになってみずからの手で破壊した国内の油井の再建に手間取り、昔はあった優良油田——上から水圧などをかけなくとも自噴が続き、いつまでも採掘コストが低くて済むのが優良油井です——が涸渇したあとの代わりもおいそれと見つけられず、1950～53年の朝鮮戦争中の北朝鮮軍や中共軍に補給してやるための液体燃料は、賠償ルーマニア石油をやりくりしたと言われています。

その後、ソ連は、チュメニ油田などシベリアの新鉱区を必死で開発。1960年代の半ばに、国内の石油の採掘量が、石炭生産量を追い抜きました。得られた石油のうち数割を東欧はじめ国外へ輸出し、稼いだ外貨で西側製の掘削機械や工作機械を買い込み、核ミサイルと通常戦力の両輪の大軍拡にドライブをかけるという計画経済が、70年代前半までは機能しているように、日本からは見えたものです。

ソビエト連邦の内実はしかし、生易しくはありませんでした。

1974年に、ソ連の国内石油生産量は統計帳簿上で米国を抜きます。ですがそれは、ソ連一国の計画経済をまわす分にはなんとか足りる量であっても、東欧諸国ののびしろの大きな経済成長をエネルギー面で力強く後押しするには、とうてい間に合うものではありませんでした。

かといってソ連は、東欧諸国が自由勝手に非共産圏と商売をすることも、中東からじかに石油を買いつけることも、許しません。この締め付けが結果的に共産圏を、遅れた経済社会の段階に長期間停滞させることになって行きます。

ソ連は次第に、西側自由主義陣営に対するエネルギー地政学上の不利を、一挙に大逆転する手を考えるようになりました。

そのインスピレーションは、１９７３年の中東戦争（ヨム・キプール戦争）の余波たる「第一次石油ショック」が与えてくれました。アラブ諸国が結託して対西側の石油輸出を絞るぞと脅かしただけで、米国を筆頭に各国の経済成長がのきなみ急停止したからです。

石油製品の消費市場としての米国社会には、ユニークな特徴がありました。

労働者の自宅と職場の距離が遠くて、その間を移動する通勤手段が「私有乗用車」しかないために、ある日を境にガソリンの小売価格が急に高くなっても、多くの人は昨日と同じようにガソリンを消費し続けることとしか、考えられないのです。

「価格弾性が小さい」と表現される経済の構造です。

ガソリンがちょっと値上がりしただけで、人々はそれ以外の消費も投資もしにくくなり、通勤コストのかかる郊外の不動産は値崩れし、不動産を担保に銀行から資金を借りたい人は行き詰まり、経済成長どころではなくなるおそれが、たしかに70年代の米国には、ありました。

いざというときは国内油田もあるはずだと考える米国人は、第一次オイルショックを経験しても、エネルギーを浪費する産業経済のありかたを反省しません。なんと1973年から77年まで、毎年65％ずつも、石油消費量を増やし続けています。

1975年には連邦法によって、米国内のガソリンの市販価格が「統制」されています。石油の国際取引価格が上がるのに連動して小売価格を上げてはいけないぞと、政府が規制をかけました。おかげで1977年には、米国内で消費したエネルギーの半分が、輸入した原油由来になります。

ソ連はこれを見て、中東こそが、米国を一夜にして弱くしてやれる鍵だと直観したのです。

まず、西側世界にとって原油の一大供給源であるイラン王国を、ソ連陸軍の奇襲侵攻で征服してしまい、ホルムズ海峡を封鎖してサウジやクウェートの原油も自由な搬出ができなくしてやり、そのあとから、社会主義友邦を工作基地にして、全アラブ産油地域も逐次にことごとくモスクワの支配下におさめてしまうことができるのではないかと、彼らは夢を膨らませました。

もしそれがうまく行けば、米国は経済恐慌に陥って、ソ連との軍備競争どころではなくなるでしょう。西欧社会も気弱になって人心は動揺し、ソ連には全西欧を衛星国化するチャンスがやってきます。

ソ連にとって、カスピ海の沿岸で長い国境を接しているイランは、因縁の地でした。

じつは第二次大戦直中、ソ連はそのイラン北部を軍隊によって勝手に占領していたことがあるのですが、これを原爆を手にしたトルーマン大統領が強硬にとがめ、スターリンは、東京裁判開廷前の1

946年5月にしぶしぶ撤収を呑まされたのです。

歴史をややさかのぼりますと、イランの油田は1914年以降、英国企業が開発してやったものです。積み出し港も、シャトルアラブ川の河口などにイギリスが築造しました。

しかし第二次大戦をくぐりぬけた直後の英国の体力は疲弊の極に沈潜します。1951年にイラン政府が英国資本の石油産業を国有化しようとしたとき、英国はもうそれに抗《あらが》えませんでした。

虎視眈々とイランの乗っ取りを策しているロシアを、英国が阻止できなくなったと理解して、すばやく手を打つことに決めたのが、米国の指導者層でした。

1953年、パーレヴィ国王を復位させるという宮廷クーデターが、CIAのシナリオに沿って、やすやすと成功しました。これ以降、1978年2月のホメイニ革命までの間、イランは米国陣営にガッチリと組み込まれます。

しかし冷戦期のモスクワにとっては好都合なことに、リビア、エジプト、シリアやイラク、南イエメン等は、ソ連製兵器に依存する社会主義体制でした。軍事顧問のロシア人がそうした諸国を拠点として利用することが可能です。

ペルシャ湾岸の石油をもしことごとくソ連におさえられるようなことになったら、ソ連は手のつけられない存在になるでしょう。

なかんずく米国として絶対に敵手には渡せないと考えられたのは、イラン油田以上に巨大であった、サウジアラビアの油田でした。

そこで、ソ連軍がイラン国境を越えてきたなら、間髪を入れずに米軍もイラン〜アラビア半島の要所に展開できるよう、米国は1970年代後半に「緊急展開部隊」を準備します。

サウジアラビアはスンニ派イスラム教の盟主国として異教徒軍を領土内に平時から駐留させることはできませんが、ソ連軍とその手先の外国軍が迫ってきたときには、事情も変わるはずでした。

ところで1975年の大統領選挙の折、米国の有権者は、堅実ながら典型的な連邦議会出身の古株であった現大統領のジェラルド・フォード（共和党）よりも、時代潮流の最先端の意見を理解し、何か革新的な方向を打ち出してくれそうなイメージを備えていたジョージア州のほぼ無名の知事、ジミー・カーター（民主党）を、翌年からの新大統領の座に据えます。

カーター新大統領は1977年に、「外国から輸入する石油は半分にしなければならない」と国民に呼びかけます。火力発電所では、国内で完全自給可能な石炭をもっと燃やせるはずだ、と彼は判断していました。このとき「エネルギー省」も創設されたのです。

1978年2月、石油輸出で儲かっているイラン国内の貧富の差が甚だしくなり、イラン政府はその不満を解消する政策を打ち出せなかったことから、多くの国民の怒りを、パリ在住の宗教学者のアヤトラ・ホメイニが収約する流れが一気にできあがり、あれよあれよという内に、パーレヴィ王朝は瓦解して、イランはシーア派イスラム教の宗教学者が領導する、尖鋭的で反米的な政教一致国家に変わりました。これを「イラン革命」と呼び、イランの石油生産が一時的にストップしたので、国際エネルギー市場は79年に「第二次石油ショック」を迎えます。

まさに地政学のアマチュアが牛耳ったカーター外交の大失点でした。イランが近代民主主義国を標榜するなら警察は反政府デモを弾圧するべきではないといった、世界知らずの学生風な想念から、却って、近代に堂々と逆行する有力なイスラム原理運動のモデルを20世紀後半の中東に定着させてしまったからです。

米国内では、ガソリンスタンドに給油を求める自動車の大行列ができました。インフレが始り、1980年には、諸物価は上がり続けるのに景気は悪いという「スタグフレーション」の状態に米国経済は陥って、カーター大統領の二任期目の可能性は、なくなってしまうのです。

この動揺に、乗じなければ――と、ソ連は自然に考えました。

ただし、いきなりイランに侵攻開始しても米軍の即応反撃を受けて、勝ち目は無いだろうと計算し、ソ連はまず、イランの東隣のアフガニスタンに傀儡の共産政権を樹立させる政治工作を優先しました。

1978年にそれがうまくいったかに見えたのも束の間、広いアフガンの各地に割拠する軍閥頭目たちが蜂起して、たちまち傀儡政権を機能停止に追い込みます。

その頃、イランのシーア派革命の衝撃がサウジアラビア国内にも伝わって、ちょうどあたかも、西欧近世の宗教改革（プロテスタント運動）に刺激されたカトリック教会の中に、既往のありかたを反省した「イエズス会」のような新布教運動が自生したように、スンニ派の旗手として内外イスラム教圏に手本を示す必要に迫られたサウジアラビアから、アフガン内部のゲリラに向けて、多額の軍資金と、スンニ派の原理主義的な学者が派遣されていたといわれています。

ソ連は、アフガニスタンにスンニ派の原理主義体制が樹立されて、その運動がソ連邦内の「スタン」地域に波及してはたまりませんので、とうとう「間接侵略」は諦め、正規軍を直接にアフガン領内へ派遣して、別な傀儡大統領を据えるしかなくなりました。

ここから始まるソ連のアフガニスタン戦争は、じつに1989年まで十年間も続いて、ソ連が弱体化して崩壊する一因にもなります。

1979年11月、パーレヴィ国王を匿い続ける米政府に反発したテヘランの学生が、米国大使館を武力で占領し、館員を人質に取るという国際慣行蹂躙の暴挙に出たのに、それに対してカーター政権は、為すべきことを知らないという、重ねての大失態が生じます。

翌年の4月になってカーターは、奇襲させるつもりで少規模な奪回チームを送り込んだのでしたが、関係部隊内部の情報連携が悪くて、この特殊作戦は往路に遭遇した砂嵐の中、主要な機材もろとも自滅しました（イーグル・クロー作戦）。

これを見て、こんどはイラクのサダム・フセイン政権（イラク国民はイランと同じくシーア派が多いのですが、その大衆を少数派のスンニ派官僚が上から支配する特異な政体で、当時の米政府とは親密）が、突如1980年9月にイラン領土に攻め込み、「イラン・イラク戦争」が始ります。

米国の基準ではこれは「侵略戦争」ですから、ほんらいならば米政府はイラクを強く非難しなくてはいけないのですが、イーグル・クロー作戦の恥辱の後では、米国輿論《よろん》はイラクの味方でした。

イラクはイランから石油を積み出そうとする民間のタンカーを無差別に対艦ミサイルで狙い、かつまた精油所や港湾にもミサイル攻撃を加えました。じつは1971年以降、三井物産が主導し、民間と政府とあわせて数千億円もイランの石油ガス加工プラントに突っ込んだＩＪＰＣ（イラン・ジャパン石油化学）という一大経済協力プロジェクトがあったのですけれども、ホメイニ革命と、88年までも延々と続いたこの戦争のおかげで、最終的にほぼ全額が、砂漠への捨て金と消えてしまいます。のみならず、このケミカル・プラントが、革命後のイラン政府の貴重な収益源――すなわちフーシやヒズボラ等を使嗾《しそう》する国際テロ運動の軍資金調達手段――に育っている可能性もあるのです。

一方、米国社会は、それまで自発的に輸入石油を減らすことなどぜんぜんできなかったのでしたが、「第二次オイルショック」のおかげで、半強制的に消費を減らすことになり、結果的に1983年の石油輸入量は、79年時点の半分にまで圧縮されています。春秋の筆法ならば、カーターのアマチュア外交が、省エネに関するカーターの理想を実現させた――と書くかもしれません。

他方、すでに「第一次オイルショック」の当時から、輸入石油依存の危険に十分に自戒的であった欧州と日本では、よりいっそうの「省エネルギー」に、ますます国を挙げて取り組むようになりました。

1980年代以降、西ドイツと日本の自動車メーカーが、ガソリン消費を少なくすることを重視して設計した「小型車」を米国市場に投入して、米国の消費者たちのピンチを緩和したことは、米国内では、既存大手の自動車メーカーの無策をきわだたせることになりましたが、国際的には、ソ連の打倒に貢献しています。

1986年には、国際油価は暴落しました。この趨勢は止まらず、ソ連の「下部構造」は80年代後半にガタガタになり、戦車から原潜、核ミサイルから宇宙兵器まで、全分野で米国と競合する予算のやりくりが続かなくなって、体制は崩壊するのです。わが国では1990年のエネルギー消費は、経済が成長していたにもかかわらず、73年の約半分にまで圧縮されています。日本と西欧の省エネ技術は、レーガン政権の「スターウォーズ」戦略とともに、ソ連を滅ぼしました。

たしかにソ連は、主敵米国の大弱点を見つけたと思っていたのでしたが、西ドイツと日本に《省エネ技術》を素早く商品化できる下地があることの意味を、適切に評価できなかったのです。

「ポスト冷戦」は、人類の「歴史の終わり」（自由民主主義の最終勝利）を意味するのではないかと思った人もいました。しかし、概して人の集団は、同じことを何度でも繰り返すと見抜いていた古代アテネの歴史哲学の方が、妥当であったようです。共産党独裁を終わらせたはずのロシア人は、自由も民主主義も維持することができず、特定の個人に独裁権力を与えて跪拝《きはい》することをよろこび、またしても、石油・天然ガスの輸出を原資にして軍事力の再構築に励み、その軍事力を使って、いったん喪失した「旧・ソ連邦」の領土権益を再獲得しようと願望するのです。

かたや米国内では、石油業界のアウトサイダーには想像もできなかった、世界のエネルギー地政学の面目をあらためてしまうような「技術革新」が、着実に進展していました。

多孔質の頁岩《けつがん》の中に大量の天然ガスが浸潤した形で閉じ込められている地層……。この岩盤層に地表からドリルを届かせ、液体を注入して上から高圧をかけてやれば、岩盤内部にヒビが入って、地層内に閉じ込められていたガスを地上に回収できる——という新技法が、第二次大戦終結後まもない米国で、試されています。今日、「フラッキング」と称される採掘術です。

ようやく商業的に採算にのるようになりましたのが1949年。しかしその後、80年代に「水平掘削法」との組み合わせが有望なことがテキサス州で確認されて、90年代にフラッキングの技術はめざましく伸張しました。

第二次オイルショック後、いつでもイランとの戦争があり得るのだという米国人の心の中の緊張感が、この技術の追い風だったことも疑いありません。

西暦2000年代に入りますと、米国内でフラッキングによって生産される天然ガスの総量が、ロシア産やカタール産の天然ガスの国際売価を値下げさせるほどに増加します。

第二次大戦後、中東の石油を輸入するようになって以来、慢性的に、経常収支が赤字なのが、米国政府の頭痛のタネでした。それが、この新技術によって米国内の未利用のガス資源や石油資源を活用できることになって、米国はたちまちに、大量の海外産の化石燃料を輸入する必要が無くなってしまいました。

それはすなわち、中東地域が政治的にいくら混乱しようがもう米国はその地域の面倒を見る責任がなくなることも意味するので、米国人としては良いことづくめの話と思えました。

その反対に、これはロシアにとっては悪いニュースです。

ロシアは2004年の時点で世界の天然ガス生産の「四分の一」を生産し、それを輸出して得た外貨を使って、ソ連崩壊でガタガタになった軍事力を再建しようとしていました。しかるに2011年には米国産が世界の天然ガス生産の2割に達し、その趨勢は年とともに昂進《こうしん》するという予測が、独裁者プーチンを焦慮させたのです。

かくして、2014年にクリミア半島切り取り作戦が発動され、ロシアは現代世界公認の侵略国になりました。

第3章　台湾をめぐる攻防

なぜ米ソ冷戦後、北京政府は台湾を征服したがるのか？

そもそも中国共産党の人民支配には「正当性」が希薄であるためです。

春秋・戦国時代いらい、数多くの支配勢力が果てしない消長を重ねてきた中国大陸では、特定の地域を統治する専制政体の「正統性」が、しぜんに確定的に決まることがありません。

ゆえに、歴代の大小の統治者たちは、常にみずからの正統性を、周辺域の実力者たちや、支配圏内の有力者たちにアピールし続け、承認を更新してもらわねば安心ができないと思っています。その強迫観念に追われるようにして、努力し続けるのです。

世界の国々は、AとB、どちらの国家を承認するか。由緒ある第三国の国家元首は、ABどちらの国を公式訪問してくれるか。国際機関は、ABそれぞれの国家をどのように重視し、あるいは無視するか——。

そうしたことがいちいち、儒教圏人たちには、気になってしかたないのです。「序列が隣国よりも上がった」と感ずれば喜び、「面子が潰れた」と感ずれば、周囲からは別に関心など持たれていなくとも、勝手に自意識過剰に憂えます。そんなことを果てしなく、延々と気に病み続けます。ゴールはありません。

この感覚は、儒教圏内ではほとんど自明のビヘイビアなのですが、儒教圏外に暮らすわたしたち（米国の政治学者 Samuel P. Huntington は１９９６年の著作『文明の衝突』の中で、日本文明は儒教圏には属しておらず、中国や韓国とは世界観が相容れないと論じています）には、なかなか察しがつかぬことが多いと思います。

たとえば「邪馬台国」について言及があるので有名な『魏志・倭人伝』。これは、「魏」の国から日本列島に派遣された使者による報告書です。

後漢が滅亡した２２０年から、西普が中国を再統一する２８０年までを、狭義に「三国時代」と呼びます。

その「三国」のうちの、黄河の下流を支配していた「魏」は、揚子江下流を支配していた「呉」と角逐しておりましたので、《呉の背後の海上に位置する日本列島諸国の海軍力はこっちの味方なんだぞ》という内外宣伝をしたいあまりに、「倭人伝」中の邪馬台国の方位と距離について、強引な捏造編集を意図的に加えているのではないかと疑う研究者もいます。これは中国人ならばピンとくる話で、たぶん、その通りなんでしょう。

儒教の学派のなかでも「正統性」に強く執着したのが「朱子学」です。それが発達したのは南宋(960~1279年)においてでした。南宋は北方異民族の「金」によってもともとの「宋」の支配領域を半分削りとられた、残りの地域です。経済的にはじゅうぶん繁栄していたのですけれども、いつ、北方異民族の武力によって圧倒されてしまうか、明日の運命はこころもとないものでした。

地域の将来が不安でたまらぬ漢民族同胞を勇気付けるべく、南宋の朱子学者たちは《武力の強い集団が外部から中国を支配してもそれは正義でも正統でもない。これから先も、中国の正しい主人は漢民族の王朝である》と、人々に信じさせようとしました。

この理屈を使うと、未来において、いったんは異民族に征服されてしまっていた中国人たちが、その征服王朝に叛旗をひるがえすときに、《じぶんたちのしていることはまさに正義の戦いだ》と胸を張れることになるでしょう。

1949年以降の、北京(中華人民共和国)と台北(中華民国)の関係は、どちらも同じ漢民族の政権が、《全中国の正統な支配者はわれわれの方である。向こうの政権はニセモノにすぎない》と、朱子学を含むあらゆる理屈を総動員して、宣伝し合っている構図です。

もちろん実力による「台湾解放」（武力併合）、もしくは、ぎゃくに台湾からの「大陸反攻」を成功させたいというのが、両陣営の指導部（ただし台湾の場合は国民党系の人々に限られる）の心の中の願望ですが、かりにそれがもし一時的に実現したとしても、「易姓革命《えきせい》」（人心が現王朝を離れ、現王朝が放伐され、かわって新しい王朝が立つ）の火種がなくなることは、長い中国史のパターンを見るかぎり、まず、将来もないのだと、達観もされているはずです。中国人たちには、そんな長期的な運命も、よく自覚されている。だから、誰も現政権に深い信用は置きません。

これは、「日本政府はなにがあろうが永久に続くので、基本的に信用していい。たとえば郵便貯金に全財産を預けていても安心だ」――と考えるわたしたちとの、決定的な差異です。

第二次大戦後の世界の軍事バランスの一大特徴として、合衆国海軍が世界の海洋を単独で支配し続けている現実があります。早い話、米国艦隊が台湾近海にアクセスできるかぎりは、中共軍は台湾海峡を渡れません。

その反対に、仮の話、もし米海軍が支援を与えたならば、台湾の国府軍（蒋介石がまだ元気だったころの国民党軍）が中国大陸本土の海岸に上陸することは、たやすかったでしょう。

ただし問題はその先にありました。そもそも1945年の「国共内戦」の開始時点で、国府軍には米国から軍用機を含む膨大な数量の兵器や軍資金が供与されていたはずなのに、装備で劣った中共軍に、陸戦では押される一方でした。国家や政体が永続するということを伝統的に信じない中国人たちのあつまりでしたので、強敵を前にしたときの規律も団結も使命感も欠けていて、戦闘集団として弱すぎたのです。

しかも逃げる先々で住民略奪ばかり働きましたので、ほとんど全人民を敵に回した格好で、ほうほうのていで1949年に台湾へ逃げ込んだのが国府軍でした。さらに台湾でも同じように住民略奪を再演しましたから、そのときから「本省人」（大陸には縁故を有しない生粋の台湾国民）は、国民党一派を内心で許していません。

1950年に朝鮮戦争が勃発して、中共軍の参戦は間違いないと知ったとき、蔣介石政権は、こうなったら大陸反攻のチャンスだと色めき立ちました。けれども米国のトルーマン政権は、台湾海峡に第7艦隊を遊弋させて、どちら側からの武力進攻も認めるつもりがないというスタンスを示していました。

1954年にベトナムからフランスが出て行くことになったとき、毛沢東は勢いづいて、《次は台湾解放だ》と呼号しましたが、合衆国は同年12月に「米華相互防衛条約」を蔣政権と締結して、台湾を共産化させるつもりはないことを世界に表明しました。

現在まで日中間の緊張の焦点のひとつになっている「尖閣諸島」に対する領有権チャレンジを、北京にとって後へ退けないイシューに高めたのは、じつは台湾政府です。１９６９年前後、米中接近の気配を察した台湾人は、台湾近海の大陸棚に巨大な海底油田が眠っている可能性があるといった未証明の不確かな話に尾鰭をつけて、米国政府に大きな影響力を及ぼすことができる米国石油業界ロビーの関心を、台湾周辺の海域に惹きつけようと図りました。この水面下の工作の中で、１９７０年に突発したのが、魚釣島に不法上陸した台湾人による「青天白日旗」掲揚事件です。

いったんこれが国際的な騒ぎにまで昇格すると、もう台湾政府には、公式に、尖閣諸島の領有権主張を展開しないわけに、いかなくなります。というのは、もし北京政府が早々と尖閣諸島の領有権主張を公然と主張した場合、あたかも国府政府の方が日本に対して遠慮をしている「漢奸《かんかん》」のように、内外から思われてしまう、と儒教圏人である彼らは気にするからです。とうぜん同じことは北京政府も気にします。それで１９７１年６月にまず台湾政府が、次いで半年遅れて12月に北京政府が、政府として公式に、「尖閣諸島の領有権は中国にある」と言い始めました。こうなったあとではもう北京としては、二度とこの主張は引っ込められないでしょう。妥協を口にしたがさいご、北京（当時は毛沢東も存命です）は売国的な漢奸のように見え、台湾の方が「正統」な中国政府らしく見えてしまうからです。

この1971年には国際連合の諸機関から中華民国が追放されるという大イベントがあり、文化大革命の国内狂瀾が沈静化しつつあった北京はようやく勢いを取り戻そうとしており、台湾政府はぎゃくに対外的な権威の低落に苦しんでいました。

1975年の蒋介石の没後、台湾の統治権力を引き継いだ息子の蒋経国は、死期を悟った1987年に至り、ながらくずっと続けてきた「戒厳令」を解除して、台湾国内を自由化する方針に大きく舵を切ります。しかしまだ国政選挙までは実施し得ません。台湾は当面、自由主義色はあっても、未だ民主主義ではない、大陸と同じ「一党独裁」の政体のままでした。

1979年1月、米中はついに相互に正式に「国家承認」をします。

このとき米国の連邦議会内の共和党は、中共が台湾を武力で制圧しようとした場合には米軍がその阻止に乗り出せるよう、大統領（このときは民主党のジミー・カーターです）に法的根拠を与える「台湾関係法」を、力技で成立させました。この法律は、今日でも活きています。

ちょうどその頃、ソ連の全世界的な軍事的脅威はピークに近づいていましたので、北京もことさら米国と外交上の対立をしているわけにはいかず、1983年以降の米中関係は、緊密でした。

1988年に蒋経国も没すると、本省人ながら国民党の副総統になっていた李登輝（米国コーネル大学卒）が、新総統に就任します。

李は、1995年末に国政選挙（台湾立法委員選挙）を実施すると言いました。

中共はこれに激しく反発し、1995年の7月と8月に、台湾近海に地対地ミサイルを撃ち込む「演習」によって、恫喝します。なにしろ中国の長い歴史で「総選挙」が実施されたことは、古代から現代まで、前代未聞なのです。清朝を打倒した辛亥《しんがい》革命のさいに「三民主義」を唱えた孫文も、選挙で選ばれてはいません。またみずから総選挙を実施しようとしたこともありません。「選挙」は中国政治の伝統に無いのです。

もし、台湾で歴史的な「選挙」が実施され、中国人も「民主主義」を手にできることが、大陸の人民の目の前で証明されたならば、北京の専制政府に対する大陸人民の不満が急に顕在化し、「易姓革命」に発展しないという保証がありませんでした。中共中央の恐怖と反発は、とうぜんだったのです。

北京政府は、1996年3月に台湾で実施される予定であった「総統選挙」の直前にも、台湾の「独立」は許さないと叫んで、威嚇的な大演習を催行しました。米国政府（民主党クリントン政権）はそれに対して黙ってはおらず、空母2隻を中心とする機動艦隊を台湾海峡に派遣しましたので、中国軍はてきめんにおとなしくなってしまいました。台湾世論もむしろ中共からの恫喝に一斉に反発し、李登輝が圧倒的多数の票を得て、当選します。

2000年3月の台湾総統選挙では、こんどは、野党であった「民主進歩党」が、本省人の票をあつめて勝ち、党首の陳水扁が新総統に就任しました。これも中国の長い歴史の中で、初めての、選挙による政権交代でした。北京の独裁政府が、心穏やかであったはずはないでしょう。

未曾有の経済成長を遂げつつあった中共は、２０００年代なかば、通商の利潤によって台湾人をがんじがらめにすれば、戦争に訴えることなく、なしくずし的な台湾吸収ができるのではないかと思って、台湾企業の中国大陸進出を勧奨します。それで今では10万社以上の台湾企業が大陸内で商売しているといいます。直行便による人の行き来もおびただしく、そのことはまた、中共のスパイ機関が、台湾人を一本釣りして、ひそかに中共のために働かせようとする工作の機会も、著増させていると申せましょう。

たとえば、米国が台湾に売却する戦闘機は、昔から「Tモデル」と称されています。あちこちの電子機材などをわざと「低性能品」と換えてあるのです。これは万一、台湾軍のパイロットが台湾政府を裏切って、飛行機ごと中国大陸に亡命するようなことが起きても、秘密にする価値が高い西側の最先端技術は流出させずに、米軍や米国には、ほとんど実害が及ばないように、あらかじめ、はからっているのです。

他方、大陸では、長期、且つ空前の経済発展が、未曾有の野心を、北京の指導部内に生じさせたようでした。

19世紀の米西戦争以降、これまで誰も競争して勝ったことのない米海軍と敢えて全面的に軍備競争し、中国の沿岸には米軍が近付けないようにしようというのです。

１９８０年代以降、米国の工学系の大学で知識を吸収した中国人留学生たちが、続々と母国に戻って航空宇宙産業に迎えられ、西太平洋において米海軍や米空軍とわたりあうための、先端的性能の戦闘攻撃機やミサイルや人工衛星を設計し始めました。

軍艦や、公船（コーストガード船など）も、まるで《予算に糸目はつけない》といった調子で、量産されます。どうやら彼らは「空母」も本気で保有するつもりのようでした。

狙いはあきらかでした。

中国は、戦後世界の大前提であるところの「米国による海洋支配」を、中国沿岸に関しては、崩せると判断したのです。殊には２００９年の「リーマン・ショック」で米国経済はもうおしまいだから――という軽忽《けいこつ》な思い込みも根底にあっての、心組みの変化でした。彼らは口が裂けても言わないでしょうが、そもそも１９４２年６月以前に大日本帝国海軍が構築できていた地域的な海洋支配パワーが、習近平らの脳内では、論より証拠――じぶんたちも追求できるはずのモデル――となってしまっているのです。

これをワシントンの政治家たちよりも早く、南シナ海でじかに中国軍とにらみ合う機会が多い、米海軍の軍人たちが、皮膚感覚で察知し、なりゆきを不安視しました。

じつのところ、米海軍の最上層部の本音を言えば、リアルに見積もって、これから10年、20年経過したとしても、米軍が中国軍に勝つために総力をあげる必要はなく、おそらくは、米海軍が持っている静粛で高性能な潜水艦の数隻を動かしただけでも、中国艦隊を48時間以内に全滅させてしまえるでしょう。

また、中国国内で軍隊や民生が必要とする、石油・石炭を積んだ商船が中国沿岸の港湾に1隻もやって来られないようにも、米海軍はできますから、開戦から数週間にして中国国内ではトラックが動かなくなり、火力発電は停止し、人民解放軍は、渡洋作戦のために陸軍部隊を大動員するどころではなくなるはずです。中国沿岸の海運が途絶えてしまうことは、GDPの多くを貿易に依存している中国経済の破滅を意味することも、言うまでもありますまい。

中国政府が、少将以下の（いつでも左遷してかまわない）傍流の軍人や、『人民日報』ではない傍系のメディアを使って、「米軍恐るに足らず」といった自家宣伝を派手に打つのとは裏腹に、もし正規軍同士の《現金決済》に踏み切った暁には、中共の体制そのものがガタガタに崩れてしまうことは、米海軍上層には火を見るよりもあきらかな話です。

しかしそれを公言するようなことをしては、ワシントンの政治はうまくいきません。これまで巨大な国防予算があちこちに配分されてきた、その理由説明が、まるでフィクションだったということにならざるをえないからです。殊に、最大の国防予算ロビーをもっている米空軍関係者をいたずらに刺激しないようにすることは、絶対に必要でした。

そこで米海軍の側から米空軍を誘い、「共同で西太平洋で中国軍と対決する」というコンセプトの「エアシーバトル」という戦争プランを2010年以後、いっしょうけんめい研究しているフリをして、時間を稼いでいるあいだに、いっときは――リーマンショック後の数年です――「自家宣伝中毒」によって、ほんとうに米軍に勝てるんじゃないか、と、危険なまでに舞い上がっていた節のある中共中央の上層部も現実の力関係に目が醒め、最近では、《勝利のロード・マップ》を一から考え直すようになりました。

いまや、「最先端のAI技術開発で米国が本気を出して巻き返してきたこと」「最先端の集積回路の工場に必要な機械や技術を西側諸国が対中禁輸するようになったこと」「中国政府の借金が2022年時点で117兆ドルとなり、これは米国政府の借金の4倍、且つ、中国GDPの6・5倍もあって、危険水準であること」「にもかかわらず中国経済の成長率は鈍化する傾向にあり、《未富先老》が現実味を帯びてきたこと」が、すべて、彼らの頭痛のタネです。

台湾に関しては、当面は、台湾国内の「国民党」が国政選挙で優勢になることを期待し、その国民党の人脈を操縦することで、間接的に《侵略》する道を模索するしかないだろうと考えられます。

台湾が名目上「独立」することだけは、北京は戦争に訴えてでも阻止する必要があります。なぜなら、そんなことになれば、中国の統治者としての中国共産党の「正統性」に、誰もが疑問を抱いてしまうからです。

そもそも被統治者が統治者を選ぶ流儀は、中国文化とは相性が悪い。しかし、それが近代政体の主流の型ですので、人民が選挙して選んだ台湾の総統には、近代的な「正統性」があるように見えます。他方、中共にはそれは全くないのですから、中共としては一日も早く、この不愉快な政体を消し去りたいでしょう。

なぜ2030年代に向けて台湾をめぐる米中緊張は高まらざるをえないか?

「未富先老」のリミットが来てしまうからです。

15歳から64歳までをひっくるめて、人口学者は便宜的に「生産年齢」と呼びます。国家の総人口に占めるこの生産年齢人口の割合が低下し始めますと、理論上、その国の経済の「潜在成長率」は悪化します。中国では2014年を峠として、生産年齢人口の減少が始まりました。

もっかの予想では、これから西暦2035年までに、中国からは7000万人の労働力が退場します。そのあいだ、65歳以上の老人は1億3000万人、増加するでしょう。そして2050年より前のある時点で、中国人の3人に1人は老人になってしまうのです。

労働者が減る一方で、必要な社会保障コストは何倍にもなるはずです。いわゆる《人口ボーナス》は消失して税収は増えませんので、中国政府は予算のやりくりに苦しむようになるでしょう。

2023年3月には、遂に中国が総人口の減少モードに入ったことが統計によって確定的となり、さらに同年にはインドの人口が中国を上回ったことも推計されています。

ふりかえりますと、1978年に改革開放路線を策定した鄧小平いらい、中国経済は高度成長を享受してきました。

1989年の天安門事件直後の体制危機をなんとか凌ぎ切ると、90年代には日本経済が元気をなくし、2007年5月に訪中した米太平洋軍のキーティング司令官に対して中国海軍の楊毅少将が、《中国と米国とで太平洋をハワイの西で二分割して互いの支配域を尊重し合おうではないか》と、もちかけるほどの鼻息となります。

たまたま2009年から13年にかけては米国経済が「リーマン・ショック」で失速しました。それを知った中国人のなかには《GDPでやがて中国が米国を追い抜く》と早合点の夢想をする者があらわれ、だったら遠慮は不要とばかりに、2010年代の前半には南シナ海周辺のすべての諸国に上から目線で無理筋の領土（領海）要求をつきつけるなどして、地域の総反発を買います。

フィリピンのEEZ内にあるスカボロ礁を中国人の海上民兵に占領させたのも2012年でした。

しかし米国の政策立案者たちは落ち着いていました。中国の少子高齢化はかつてのどの国よりも急激に進むこと、および、周辺東南アジア諸国とインドの生産年齢人口が中国を尻目に増加し続けることは、予測統計学的に確実だったからです。

中共中央の指導部の立場になって、希望的な未来を考えますと、出生率（合計特殊出生率）がまた増えてくれれば、「未富先老」――中国国民1人当たりのGDPが米国や日本と並ぶ前に社会が少子高齢化して経済が衰退モードに入ってしまう――という困った問題は、消えてなくなるでしょう。

が、現代のすべての先進社会の経験を通覧しますかぎり、いったん出生率の逓減《ていげん》段階に進み入った国家が、その趨勢を逆転させようとしても、なかなか難しい。

ある仮説では、都市化や携帯電話の普及に伴って、女性が《ガッカリしない人生》を選べるチャンスが遍在するようになった環境と、「少子化」の現象は、表裏を成すそうです。「子育てと女性の自由」が両立しないと女性じしんが判断するうちは、政府がいくら産児奨励を叫んだところで、その社会の合計特殊出生率が再び右肩上がりに変わることはないのでしょう。

こうなりますと中国は、2035年を過ぎてしまう前のどこかの時点で、何か大博奕に討って出て奇跡的に米軍に《大勝ち》し、たとえば、台湾を強制併合してしまうとか、ボルネオ島の大油田を武力支配するなどのあたらしい軍事バランスを達成できない限りは、将来、ぎゃくに米国とその友邦与国から、戦わずして屈服させられる流れとなる蓋然性があるのです。時間は、中国の味方ではないのです。

衰退現象は、すでにいくつかの分野で露顕しています。

たとえば2019年の前半、中国は、通常型空母を4隻保有した次には、いよいよ核動力空母を建造する、と宣伝していたのですが、同年末になり、その計画はなくなったことがアナウンスされました。

これは、不公正貿易やサイバー知財窃盗などに怒った米国トランプ政権の関税制裁措置によって、中国からの対米輸出にブレーキがかかり、同時にまた、米国から中共へ流れ込むドル投資も自粛されたので、「人民元」の価値が下がり始めたためです。それ以来、米国指導者層が超党派で中国の本質――近代自由主義世界が受け入れられない儒教式の価値観を固持し続け、口ではうまいことを言いつつ、心の中では対等の他者を認めず、情報技術支配による最終的な打倒米国に燃えている――に気が付いているために、制裁とデタッチメント（関係謝絶志向）は緩和されそうにありません。

どうして「人民元」のレートが空母の建造に影響するかといえば、中国は2010年代のなかば以降、世界一の石油輸入国だからです。元《げん》の価値が下がると輸入石油のコスト負担がそれだけ重くなり、限られた海軍予算では賄いきれなくなってしまいます。

空母の動力が原子力であったとしても、その搭載機はジェット燃料を消費します。またその空母の周囲で護衛にあたる約10隻の巡洋艦や駆逐艦は、大量の軽油を燃やして走らねばなりません。その空母艦隊が消費する石油類を運搬する補給用の艦船もまた、軽油を消費します。それらの通年の維持費は、莫大な額です。

中国は、国連海洋法を無視して、南シナ海の複数の岩礁にポンプ船で海砂を盛り、人工島を造成して「中国領土」だと称し、そこに軍用機の滑走路を設けるなどしています。当初、これを「不沈空母」にできるぞ、と考えたらしいのですが、そうした岩礁や暗礁が散在している海面は、とうぜん非常な浅海面ですので、その人工島基地に駐留させている中国兵のために物資を届ける大型の補給船舶が接岸するためには、十分に水深が大きくて座礁の心配をしなくて済む「航路」を掘っておかなくてはいけません。その航路を毎年維持して行くための頻繁な浚渫工事にまた、膨大な石油燃料が必要なのです。

現在では、南シナ海のこうした《砂盛島》を「不沈空母」に仕立てる発想は、軍事的に、非現実的であったと、中国軍の上層部内では反省されているはずです。ただし、表立ってそれが公表されることはないでしょう。最初に方針を決めて指導した、党中央軍事委員会の権威が色褪せてしまうからです。

2023年に判明したところでは、2022年の中国国内でのスマートフォンの販売台数は、21年より13％少なく、2億8600万台でした。全世界ではスマホは、2022年に12億台売られているのだそうですが、それも、前年より11％少ないといいます。その世界不況よりも中国の不況の方が深刻でした。習近平が「新型コロナウィルス」の感染症を制圧しようと過剰なロックダウン命令を都市部に発令し続けたことが関係していないとは、言えないでしょう。そんな世論の声なき批難を感じている習近平には、焦りがあるはずです。

空母戦力で米国と並ぼうとする野望こそ一時的に諦めましたが、中国海軍は、巡洋艦や駆逐艦その他の水上艦艇の軍拡を、たいへんなペースで進めています。「海警」船も含めた隻数は、すでに世界最大の艦隊で、それがさらに拡大中なのです。いったいそこに配乗させるプロフェッショナルな乗組員をどこから募集するのかと、人事面の余計な心配をしたくなるほどです。

習近平は、できれば2027年までに、海軍力を使って台湾を征服するかボルネオ島を征服するか、あるいはそれらに匹敵するくらいの政治・外交的な《大戦果》をあげなくてはならないと心に決しているのでしょう。もしそれに成功できなければ、おそらく2030年前後を境にして、中国は逆立ちしても米国とは張り合えない、長期の停滞の時代に突入するよりないでしょう。西側の中国専門家たちが、習近平は《中華王朝のラスト・エンペラー》だと考えて注視している理由も、ここにあります。

ロシアと中国のどちらが、対日戦争能力が大きいのだろうか？

ある国家と、隣の国家が、どのようにつきあうのかは、双方の「政治」が決めて行くでしょう。

ナポレオン戦争の末期に英国戦時内閣の大臣になり、1855年から65年にかけては英政府の首相を二度務めたパーマストンは、「永遠の友人も、永遠の敵も、英国は持たない」と述べて、特定の他国が敵となるか味方になるかは、じぶんたちの国益が時代の中で決める話である──と説明しています。

パーマストンが生きた時代、英国はナポレオン率いるフランスの背後に位置したロシアやプロイセンに対して軍資金を提供し、フランス打倒後は、ロシアがトルコを圧迫するのも助けましたが、クリミア戦争（1854～56年）では一転してフランスおよびトルコと同盟してロシアの南下を邪魔立てするようになったものです。

今日、わが国は四方を海に囲まれています。が、すぐその先には、ロシア、北朝鮮、大韓民国、台湾、中国、フィリピン、北マリアナ諸島、マーシャル諸島などの陸地が所在し、多くは、わが国の辺境領海から測って500㎞と離れていません。

そしてそれら近隣諸邦のなかでも、人口、GDP、工業生産力、政府が支出する軍事費、国内市場規模等に於いて飛びぬけた存在感をもつのが中国であることに、異論のある人はいないでしょう。

ロシアは、石油生産量、天然ガス生産量、戦略核兵器と戦術核兵器の保有量、潜水艦の質と量、軍用航空機の数……等のいくつかの指標で中国を上回っています。けれども、有事の潜在的動員能力を占うGDPでは、中国のほぼ九分の一（2023年の統計で中国が17兆7900億米ドルなのに対して2兆210億ドル）しかありません。

それに加えて、シベリア東部では、アムール川より南の「中国東北部（旧・満洲）」でならば成り立つような農業が成り立たないために、小規模都市以上の人口を現地で養うことができていません。そこにもし大軍を長期駐留させることになれば、それら将兵のための糧食のほぼ全量を、ロシア南西部の農業地帯から列車で東送し続ける覚悟が必要です。それじたい、大変なコスト負荷をしのばねばなりませんが、平時でさえ安定していないシベリア鉄道の輸送キャパシティを生活物資輸送に割かれる皺寄せは、大作戦時に求められる弾薬や兵器や燃料の補給を細くせずにはおかないでしょう。

航空戦力は、ロシア国内のどこへ集中させることも、テクニカルには随意です。けれども、ロシアはほぼ全方位に潜在的な「敵性陣営」を抱えていて、警戒をないがせにはできません。ゆえにたとえば、西部方面の空軍力をガラ空きにして極東戦線へ集中するといった運用は、これまた非現実的なのです。

そんなロシアに比べますと中国は、沿岸部に大都市が密集しているために、東向きの軍事作戦を準備したり実行するための兵站基地や交通線をあらためて整備する必要がありません。またインド国境地方を除く内陸部（沿岸部以外のすべての地域）の治安や国境警備は「武警」（人民武装警察）や二線級装備の地方陸軍部隊に任せておけますので、空軍力の大半を一時的に沿岸部に集中させる自由もあります。水陸両用戦力と艦艇のほぼ全力は、最初から沿海部に張り付いていることは言うまでもありません。

このため、西太平洋に所在するわが国にとって、ロシア軍と中国軍のどちらが重い脅威となり得るのかには、疑問の余地などないのです。

中国は本当に戦争を開始するだろうか？

日本を攻撃する能力のある外国が、じっさいに日本を攻撃するかどうかは、その外国の指導部の政治判断によって決まるでしょう。

ありあまる軍事力を動かして日本を攻撃することが、彼らの権力の維持・増進にとって「安全・安価・有利」な政治になると彼らが判断してしまえば、「能力」はすでにあるのですから、それはあっさりと実行されることでしょう。

そうさせないためには、わが国の国民ならびに政府の営為が、《今もし日本を攻撃すれば、それは攻撃を発起した国の指導部の権力にとって、危険・高価・不利になってしまうぞ》と、当該外国の政府および人民をして、確かであるように信じさせるしかありません。

『孫子兵法』がその「九変篇」のなかで、「〔敵軍の〕来たらざるを恃《たの》むことなく、吾れの以《もっ》て待つ有ることを恃め」「〔敵軍が〕攻めざるを恃むことなく、吾に攻むべからざるところあるを恃むべし」と教えている通りです。

ルネサンス時代のイタリア都市国家に生きた思想家のマキャヴェリ（1469～1527年）は、欧州封建社会の長期安定的な秩序が崩れ去っている今日、人々は自分たちの身の安全を、従来のように神様や運命のきまぐれに委ねておくわけにはいかず、人々の意思の力を組織化することで、偶然の危険を克服するようにしなければならないはずだと考えました。この世界観や人生観は、ほぼ「近代人」のものだと後世に評されています。

もっとさかのぼりますと、孫子と遠くない時代のアテーナイ人であった歴史家トューキュディデース（前460年頃～前395年頃）は、みずから経験した「ペロポネソス戦争」を浩瀚《こうかん》な文書記録に残そうとし、その中で、《戦うことが利益になると考えれば、人々は恐怖があっても戦いを避けないし、また、既に持っている権益や評判が損なわれることを我慢するよりは、人々は戦争の危険を選ぶ》と総括しています。

そのトゥーキュディデースを熟読した英国の政治哲学者トマス・ホッブズ（１５８８～１６７９年）は、「三十年戦争」（１６１８～48年）の凄惨な経緯と併せかんがえて、すべての人々の欲求が似通っていて、それが同時にすべて満たされることなど無理だから、戦争はどうしても起きてしまうのだ、と、著書の『リヴァイアサン』の中で大観しました。

英本国の一国内では、まず王権による力強い統治が確立すれば、国民の私有財産を保護する法環境ができるでしょう。問題は、複数の国家がひしめく世界の中での、英国の生存です。国家と国家の間で、自己を守るために先手を打とうとしたり、自国以外の国が自国をおびやかせないように支配してしまおうとするうちに、征服を得意とする国家が現れるでしょう。もし、そのような征服を得意とする国の隣で、ひたすら「防御」をするだけに自己規制をしていたなら、その国は、ながく存続することはできない——とホッブズは結論しました。

ホッブズが生きた近代においても、否、国民の私権が尊重される近代であるからこそ、国家・国民は自己保存のためには侵略者に反撃する戦争を覚悟するしかないと言うのです。

中華人民共和国は、わが国や米国とは近代的な価値観を共有していないのか？

世界には、表向きには近代的政体であると標榜しつつも、その実、近代思想の精髄の部分に背を向け、人と人、国と国とが「対等の関係」でありえるなどとはかりそめにも思わず、自他のあいだの「序列」に常に拘泥し、公正な国政選挙を実施しようとせず、普通選挙で選ばれていない特権所持者が勝手に法令を定めて恣意的にそれを運用し、しばしば超法規的に不透明に行政を指揮し、個人の人権を尊重する慣行を有せず、個人もまた血縁を超えた行政機関に対して歴史経験的に信を置くことがなく、為政者は自国民や他国民が頭の中で考えることについてまで専制的に統制しようと図り、対外関係では執拗に「覇権」を画策し、自国が頭首となって一方的に号令するほとんど古代的な世界秩序を理想視し、国際条約や国際法を随意に踏み破って恥としない、そのような国や地域も、すくなからずあります。

それら「反近代主義」の国や地域がもし、人口・軍事力・経済力において、とるに足らぬ存在であってくれたならば、わたしたちは、それらの国や地域から、わずらわされずに暮らすことができるでしょう。

ところが世界の現実として、それら「反近代主義」陣営の中には、あなどれない人口を抱え、核兵器を含む強大な軍事力と警察力を充溢させ、近隣の近代主義諸国の市場規模を凌駕する国内経済力を誇る国家も存在します。今日、衆目が一致して認めるその代表国が、わが国とは一衣帯水の位置関係にある「中華人民共和国」でしょう。

現在の習近平政権は、中国共産党による建国から百年目にあたる２０４９年までには、中国が《確実に米軍の核ミサイルの総数を追い抜く》と宣言をしていて、その古代帝国的な野望を隠そうともしていません。

このためアメリカ合衆国を筆頭とし、わが国も含まれる西側自由主義諸国は、中国の現在および将来の軍事的な脅威に総体として拮抗できるような防衛力の整備を、こころがけねばならなくなっています。そうした具体的な防衛力基盤が現に確保されていることが、中国指導部による他者支配の非望、ひいては地球全体を中国支配の序列秩序下に組み敷こうとする野心を挫く役に立つと考えられるからです。

日本国民が合意している価値観は西洋近代と共通なのか?

わたしたち日本国民のあいだには、平生はことさら意識されずに共有されている価値観がありま す。それがあるおかげで「日本国」という独立の国家も現代まで保たれているといえます。

集合的なその価値観の中には、日本人に特有な性情を添えている「こだわり」的な部分と、日本人にかぎらず近代空間では普遍的に肯定される、善悪の基調レベルでの選好とがあります。

たとえば19世紀末の近代化革命であった「明治維新」の過程でわが国には「立憲君主制」が形づくられました。古代いらい、皆が大切にしてきた《天皇中心の国体》と、近代的議会制民主主義とを習合させて、日本式祭祀の伝統を保守しながらも、近代世界における先進的な開明諸国との対等の修好を希求した、政治的な、集団的意思の発現でした。

人と人とのあいだの法的な対等を是認し、個人の身体や財産等にかかわる基本的人権を尊重し、政府が人びとの思想の自由に踏み入らないようにする近代主義の政治的表現が、議会制民主主義政体です。

その法的な表現である近代法体系の支配の中で、「法の下の平等」と、言論や表現にかかわる個人の自由が担保される空間を、わたしたちは、良いものだと感じています。

自由と人権が両立しているこの社会が、どこかの外部勢力による侵奪や支配の対象にされたり、内部の闇勢力によって破壊されようとすれば、わたしたちはけっしてそれを安心だとは感じません。

現在、日本国とこうした基本的な近代的価値観を明瞭に共有していると考えられる友邦国には、環太平洋地域では、カナダ、アメリカ合衆国、ニュージーランド、オーストラリアなどがあります。また同地域に島嶼領土などをもっている英国、フランスも、近代主義思想の深い伝統を有しています。

中国は現代世界のパワー・バランスを変更できると考えているのだろうか?

わたしたち人間は、言語を道具とすることで「未来を想像する」高度の能力があります。それが、人間と他の動物との行動様式を決定的に分けています。

たとえば、ある「未来の可能性」が、みずからの権力にとってたいへんな脅威だと予測ができたら、その可能性を封じてしまう方法を今、講じなければならないと、理性で計算できるのです。これが「政治」の一側面です。そのような「政治」が得意な個体や集団が、過去の環境変動をサバイバルした延長線上に、今日のわたしたちの人類社会も存在します。

ここで「権力」とは何かとあらためて自問しますと、畢竟それは、「飢餓と不慮死の可能性からの遠さ」と重なっていることがわかります。「遠さ」というのは、「定性的」な概念です。「定量的」には何も示してくれません。つまり、Aさんの権力はBさんの何倍か、は、誰にもわからないことです。その数字を具体的に挙げたところで気休めになりません。ある人や集団が、その権力をいくら強化しても、「これで十分だ」「絶対安心だ」という保証は永久に得られないことだけは、さいしょから、運命づけられています。

それで、人も、人がつくる集団も、生きているかぎりは、ひたすらに、権力をできるだけ、維持したり増進しようとする行動――それも「政治」とイコールです――を止められないのです。

わたしたちの「政治」の動因になっている「権力」について、このようにとらえておくことは、まとまった数の人類がこの地球上に生存しているかぎり、この世界から戦争はなくならない理由の説明として、とりあえず矛盾がないでしょう。

もし、戦争以外の方法で、権力を維持・増進する政治行動が、「安全・安価・有利」だと考えられたならば、誰でも、そちらを選好します。

たとえば、人類の消化器官では栄養として採り込むことは不可能である森林樹木の主構成物質（セルロースやリグニン）を、安価に大量に食品に変換してしまえる工業プロセスがもし発見されたならば、その方法を手にした、森林の多い地方に暮らす人々の「飢餓と不慮死の可能性からの遠さ」は、すくなくとも一時的には、大きくなるはずです。

「光合成を工業的に実現する技法」が発見された場合も、同様でしょう。

当座は戦争をしないで、その代わりに、科学的発明や工業的改良、農業や商業に注力することも、また「政治」の選択です。そうすることが、当面、戦争よりは「安全・安価・有利」に権力を維持・増進してくれると思われれば、人々は、当然にそれを選びます。

けれども、その反対に、戦争の手段に訴えることが、ある集団の権力を維持・増進するために、他のすべての手段にくらべてもいちばん「安全・安価・有利」な政治行動だと信じられたならば、その人間集団が戦争を始めない理由はどこにもありません。

誰も、他者から命を奪われる危険を招き寄せたり、家族そろって餓死に追い込まれるとわかっている未来を、意識的な無為の結果として受け入れる気にはなれないからです。

地球上に核保有国が二つ以上存在するようになった1950年代より以降、現在まで、「核戦争」は抑止されてきました。これは、どの国の専制支配者であれ、あるいは民主主義的な政府であれ、核戦争を始めれば、手酷い報復攻撃を他陣営から受けて、その結果として、当該独裁者や有権者国民のもっている既存権力の維持・増進が至難になるであろう、と、過去、一貫して、予想されてきたためです。

「核戦争を始める」という政治行動が、その当為者の権力にとって「危険・高価・不利」になる、と思い込ませることに、まわりの世界が成功してきた――と、言い換えることもできましょう。

しかし核兵器による脅しや、核兵器を使わない戦争は、第二次大戦後もひっきりなしに発生しています。

例外なく、それを推進した政治家たちの頭の中では、そうする「政治」こそが自分たちの権力の維持・増進にとって、他の政治手段よりも、「安全・安価・有利」になるのだと計算したからでした。

言い換えますと、世界は、「そんな（非核の）軍事攻撃を始めたら、君たちの権力にとって、危険で高価で不利な結果になるぞ」と思い込ませることには、めったに成功しないのです。


1949年に建国を宣言した中華人民共和国は、共産主義の先輩国であった旧ソビエト連邦が1991年に崩壊に追い込まれた「冷戦」の歴史を注意深く学習しています。彼らはその結論として、みずからの反近代的な専制政体が旧ソ連と同じ道を辿らないためには、受け身であってはダメで、できるだけ早く米国を凌駕する国力を扶植し、米国内社会を各種の工作によって分断もしくは弱体化させ、経済力を梃子に用いて西側自由主義陣営の結束を切り崩し、最終的に米国もその与国もすべて中国の膝下にひれ伏させるようにしなくてはいけない――と、固く決意をしています。

さすがに中国単独でしたら、超大国である米国の総合力には、すぐに太刀打ちなどできません。しかし、20世紀前半の「地政学」のパイオニアである、英国のハルフォード・J・マッキンダー（18

61～1947年）が1919年に公刊した所論によると、もしユーラシア大陸の一、二の軍事強国が、全ユーラシア大陸とアフリカ大陸を支配すれば、そこから南米に上陸することは簡単で、そうなった後では、いかにアメリカ合衆国が強大だろうとも、もはや対抗的に孤塁を守ることは至難となり、ついには全地球が、ユーラシアのひとつの専制主義強国によって支配されるようになるのです。

地政学に先行する業績であると評し得る、近代強国の海洋戦略史を考究したアルフレッド・T・マハン（1840～1914年）や、マッキンダーと並ぶ現代地政学の泰斗、ニコラス・J・スパイクマン（1893～1943年）を輩出している米国の指導者層は、中国のこのような長期の遠謀に鈍感ではありません。歴代の米国政府が、ロシアや中国と対決するのに、米国単独で行動するのではなく、なるだけ日本やドイツなどの「味方」を糾合して、長期的に危機を抑え込もうと努めるのも、米国大統領を補佐する高官たちが共有する、地政学の確かな教養に基づいています。

米国と中国は、いずれ戦争しなければならないのだろうか？

2021年3月、第46代の合衆国大統領に就任してまだ2カ月目のジョー・バイデンは、米国と中国の関係は「21世紀における民主主義と専制主義の闘い」なのだとの認識を表明しました。

この「闘い」は、両国の正規軍が、どちらかの領土上で直接交戦することを、ほとんど含意していないという点で、ユニークでしょう。

理論上は、1980年代のある時点以降、中国軍が保有する長射程の核ミサイルが、米国本土のどの地点でも攻撃することが可能になっています。しかし中国軍には、地上部隊を北米海岸に上陸させるだけの力量がありません。

いっぽうでアメリカ合衆国の指導者層も、米陸軍や米海兵隊をユーラシア大陸の陸上で中国軍と戦闘させたいとは思っていません。仮定の話として、米軍が全力を出したならば、たとえば渤海湾に上陸して北京を陥れることはできます。しかし、中国軍相手の陸戦が「安全・安価・有利」でないことは、朝鮮戦争（1950〜53年）でいちど証明されてしまっているのです。

にもかかわらず、理論的な可能性として、20世紀前半の地政学が警告したように、もしも全ユーラシアがひとつの専制主義大国の支配下に入って、さらにその脅迫と利益誘導をこもごも用いてアフリカ諸国や南米諸国までも配下として手懐《てなず》けるようになったならば、敵陣営が動員できる兵力や軍需生産力、資源の総量において、米国は劣位に立たされてしまいます。そうなったあとで予見されるようになる全面的な敗北を免れたければ、専制主義大国に対する屈従的な譲歩を、米国は迫られるでしょう。

1820年代から31年にかけ、ナポレオン戦争（1803〜15年）の顛末《てんまつ》を振り返って『戦争論』

という古典的大著を書き遺したプロイセン軍将校のクラウゼヴィッツ（1780～1831年）は、外交と戦争の役割を、商店経営の譬えを使って説明しようとしました。

——欧州の強国は常に、ライバル国ともしも決戦級の大会戦に臨んだとしたら、果たして自軍はそれに勝てる立場にあるのかどうかを深く考えた上で、そのような乾坤一擲の大激突に至る前の、なかば外交的でなかば軍事的な駆け引きをする。それは《手形の振り出し》のようなものだ。いつでも成り行き次第で、陸上での決戦的な会戦という《現金決済》をする覚悟があるのならば、相手に対し、十分な強制の圧力が及ぶだろう。しかし、じつは内心では本格会戦にもちこんで陸上で決勝を争う気などないことを相手から見透かされてしまうと、いかなるグレーゾーンの脅しにも迫力が伴うことはなく、ナポレオンのような相手からは足元を見られて、しっぺがえしされてしまう——というのです。

全ユーラシアを未だ支配できてはいない中国と、すでに世界最強の海軍国にして航空宇宙大国でもある米国が、もしも明日、南シナ海で本格的に軍事衝突したなら、米軍が圧勝するのは確実でしょう。

そこで中国としては、全ユーラシアを支配する中間ゴールを念頭しつつ、まず西太平洋域での軍事的影響力を建設し、米海軍が近寄り難い環境をつくりだし、あわよくば台湾を吸収し、併行してアフリカ諸国も取り込み、できれば南米にも友邦を増やして……という地政学の最終勝利の段取りを気長に踏んで行く以外にありません。対するバイデン政権は、《そうはさせないぞ。本心は見抜いているぞ》と宣言したのです。

2013年9月にカザフスタンを訪問した習近平がスピーチの中で協同建設を呼びかけた、経済紐帯《ちゅうたい》としてのシルクロード（具体的には、政策協調、道路建設、ドルを使わぬ地域貿易など）は、その翌月にインドネシアで唱えた「21世紀の海のシルクロード」とともに、中華人民共和国の専制体制を安泰に生き残らせるのに都合がよい世界を招来するための《地政学的な長征》のスタートでした。各国の安全保障分析者たちの戦略眼は、中国がそう動くであろうことを、早くから看破していました（たとえばロバート・カプラン氏の2011年いらいの複数の著作）。

そんな工作を、あらためて包括的な呼び名で大風呂敷化しているのが「一帯一路」です（この名称での最初の国際フォーラムは2017年3月に開催されています）。

ネーミングがどう変わって行こうと、中国外交の主眼は、全ユーラシアと全アフリカ、さらには全南米諸国を、長期的に「反米親中」に染め変えて行くことに尽きているでしょう。むかし、明朝や清朝が試みたような「海禁政策」（朝貢貿易以外の対外交渉を一方的に制限する）が中国の独裁権力にとって「安全・安価・有利」な政治となったような時代は、とうに過ぎ去りました。彼らの権力を、地球が狭くなった今日、どうしても維持したいならば、米国を筆頭とする「外夷」をすべて隷従させて行くほかに道はありません。

各国、各地域の「言論の自由」「思想信条の自由」を徐々に骨抜きにし、北京と結託するひと握りの特権階級だけが富と警察力を独占できるように、息の長い工作を重ねて行くなら、マッキンダーの１９１９年の予言も、21世紀の半ばに実現するかもしれないでしょう。

《天には太陽は一つしかないではないか》と強調し、《対等の他者》の存在を我慢することはできない儒教圏人の専制政治は、最終的には世界から民主主義の記憶（歴史事実）まで根こそぎすることで、じぶんたちにとっての《対等な他者》の脅威源を絶とうとするでしょう。それが彼らの権力にとっては「安全・安価・有利」だと考えられるかぎり、そうしない理由はないのです。

彼らは《現金支払い》になるリスキーな勝負は急ぎません。いきなり正規軍を投入する「政治」が「安全・安価・有利」であることは滅多にないからです。今は、爪や牙を匿《かく》し、富国強兵のためにサイバー・エスピオナージや経済スパイによって西側先進国から知財を窃取する地道な努力のかたわら、「債務の罠」を仕掛けることによる外国港湾の事実上の押収、貿易上のありとあらゆるイヤガラセ作戦、公安警察の便衣（私服）活動、「海警」「海上民兵」などのグレーゾーン威力を駆使することで、米軍とは正面衝突することなしに、陸上と海上での中国の影響圏・支配域を徐々に世界中に拡げようとしている段階です。

１９８４年に中国政府は英国に対し、97年に香港を返還してもらったあと２０４７年までは「一国二制度」を許容すると約束しました。しかしその後、英国の出方を見ながら、逐次にそんな約束などなかったことにして、漸進的《ぜんしんてき》に住民から自由な言論を奪っています。同様な持久走的な術策を、外交交渉の多くの局面で踏襲する価値があると、彼らは信じているでしょう。現状では、その方法がいちばん彼らにとって「安全・安価・有利」な政治になると計算されるからです。

マッキンダー地政学が予想した「全ユーラシア大陸の制覇」は、簡単なことだろうか？

西欧の運命にのみ関心が強かったマッキンダーはそれほど重視しなかったのでしたが、人類史上、全ユーラシアを単一の政体が支配できたことはありません。東ヨーロッパの地理よりも、東南アジアの地理の方が「多様」であることが、障壁となるのであるかもしれません。

人類史上最大面積の版図をユーラシア大陸で達成した中世のモンゴル帝国も、騎兵作戦が通用しなくなる北方の森林帯と南方のジャングルを、苦手圏としていました。

モンゴル帝国の北西端の、森林南限に位置していたのが、いまのモスクワ市です。モンゴル帝国は、インドや東南アジアを直接に統治することも、ありませんでした。

もっと昔のアレクサンドロス大王軍の東征も、アフガニスタンからインドに入ろうとするあたりで、馬が蹄の病気に罹ってしまって、頓挫したものです。

高熱砂漠帯におけるヒトコブラクダの特異的なモビリティを武器に支配圏を急拡張したイスラム教政体は、中央アジアとインドまではその勢力を及ぼし得ました。けれども、ラクダでなくとも馬や騾馬や驢馬と荷車を駆使できる、人口希薄なチベットやモンゴルやシベリアの土地は、彼らの自由にはなりませんでした。

今日の東南アジアのイスラム教圏（マレーシア、インドネシア、ブルネイ、フィリピン南部のミンダナオ島など）は、大航海時代に西欧商人に土地を乗っ取られそうだった現地の土豪たちが、欧州人に対して睨みが利くトルコの威光を頼りにすることで、そのローカルな権力を保とうとして、政治的な帰《き》依《え》をした結果です。

単一のイスラム帝国が全東南アジアに号令したことは、これまで、ありません。

他方また、イスラム軍をタリム砂漠で食い止めた唐朝を含む、過去のいかなる中国王朝も、やはり全東南アジアの一元的支配は為し得ていません。唯一、１９４２年に東條英機がこの地域を征服してみせたのが、歴史的な例外なのです。

習近平が20世紀前半の東アジア史を学習したなら、戦前の日本帝国を手本にして、まずは中国が米英蘭仏の海軍力を中国近海から駆逐できるだけの海軍力をもつことが、ユーラシア支配のための最も合理的な第一歩になるのだと理解しているはずです。

マラッカ海峡を支配できれば、そこからインド洋を越えて東アフリカにアクセスできます。アフリカ大陸の資源を支配してからイランや中央アジアへ北上するという段取りは、中国奥地の何の都市インフラもない基地からいきなり陸軍部隊を西へ進ませるのとくらべて、幾層倍も安全で無理がありません。中央アジア地域に対しては、衰えたりといえどもロシアからの工作力と影響力は絶大ですので、中国はそこで無理をしても前進は捗《はかど》らないでしょう。

「認知戦」は、いつから始まったのだろうか？

2003年に中国共産党は「人民解放軍政治工作条例」を改定し、敵の抵抗を瓦解させるための手段として「世論戦、心理戦および法律戦」（あわせて「三戦」と呼ぶ）を展開しなさい、と指導するようになりました。近ごろでは「認知戦」などとも標榜します。

いずれも、特段あたらしい発明とは申せません。

中国戦国時代の複数の諸国遊説者の軍事上のアドバイスを後漢〜三国時代にかけて集成したのではないかと考えられる『孫子兵法』の、今日まで伝わるテキスト（魏の曹操が加筆編集したもの）の「謀攻篇」のはじめには、戦争の指導において「善の善なるもの」は「百戦百勝」することではなくて、「戦わずして人の兵を屈する」ことなのだ——との有名なテーゼが説かれていました。「世論戦」や「認知戦」もまた、「戦わずして人の兵を屈する」の最新バージョンです。『孫子兵法』の全篇を通じて、《宣伝を駆使して勝つがよい》などと強調した章句は、見当たりません。しかしその理由は、古代の中国人が宣伝戦や心理戦に無関心であったためではありません。戦争や国防と宣伝を連動させることなどは中国人にとってあまりにもあたりまえの「政治」常識であったがゆえに、わざわざテキストにしようなどとは誰も思わなかっただけです。

なぜ中国はベトナムの支配にてこずってきたのだろう?

「ホー・チ・ミン」を漢字で書くと「胡志明」となるように、ベトナムの地名や人名の過半は、そのまま漢字表記にできます。しかし、第二次大戦後の北ベトナム政府は意識的に公用文からの漢字追放に動き、1975年の南ベトナム統合後は、その方針が全国に行き渡っています。

これはベトナム人民のあいだに、何世紀も支配者顔をしてきた中国に対する、長く根深い反発の民族感情があるためです。ベトナム戦争中も北ベトナム政府は、中国よりはむしろソ連からの援助を、いっそう歓迎していました。

古来、中国人はベトナム地方を「越南」と呼んで、紀元前2世紀から直接的な支配力を及ぼしています。唐朝滅亡後の混乱期にあたる938年、ベトナム人は漢人に対する独立戦争に勝利しました。けれども、宋朝以降の中国王朝へはひきつづいて朝貢を続けねばならず、明朝からはまたしても直接支配を受けたりしています。

1840年代、フランスがインドシナ地域の植民地化を窺《うかが》い始めました。威勢の衰えた清朝にはそれは禦《ふせ》ぎきれず、1884~85年の清仏戦争を経て、ベトナムの「宗主」は交替しました。

フランス支配下のベトナムのインテリ役人の息子であったホー・チ・ミン（1890~1969年）は、第1次大戦前後に西欧を流浪しながらレーニン思想に感化されて、1920年のフランス共産党の結成に参加するなどしつつ、次第にベトナム民族主義運動のリーダー格に成長します。彼が1941年の帰国後に創設した独立運動組織が「ベトミン」でした。

第二次大戦後、インドシナに復帰しようとしたフランス軍にベトミンは果敢に攻撃を加え、ついに1954年にフランス本国政府をしてベトナム支配を正式に諦めさせました。

この独立戦争のハイライトは、ベトミンの数十万人の輸卒部隊が、頭陀袋《ずだぶくろ》に弾薬やコメを200kgも入れたものを自転車のフレームから吊るし、それを夜間に押してジャングル内の小径を蟻の行列のように推進し、フランス軍が立て籠もった「ディエンビエンフー」要塞を攻囲する友軍に、大量の野砲弾を無尽蔵に補給し続けて、守備隊のフランス軍を最終的に降伏に追い込んだ創意工夫でしょう。

ところが、敗退したフランスの後釜として、1956年以降、「反共」の南ベトナム政府のパトロンについたアメリカ合衆国の軍隊と、ホー・チ・ミンの北ベトナム政府とは、1960年からまたしても戦争状態になり、この「ベトナム戦争」は、ホーの死後の1975年に南ベトナム政府が消滅するまで続きます。

米国のニクソン政権は、ソ連に核軍備管理条約を呑ませるためにはまず全力で軍備競争をして圧力をかけなくてはいけないと、優先順位を熟慮し、1971年から北京政府との関係を劇的に改善します。73年のパリ和平協定により、米軍は南ベトナムからも同年3月までに出て行くことになりました。

その間、北ベトナム（1976年以降は統一ベトナム政府）と中共との関係は急速に冷却します。それは「中ソ対立」――1953年のスターリンの死後、資本主義は戦争によって敗滅する歴史的運命なのだと信ずる毛沢東と、そのような中国を危険視したソ連との緊張。69年にはソ連から中国を核攻撃する一歩手前まで行き、76年の毛の死後も両国関係は元に戻らなかった――と連動していました。

ソ連は70年代を通じてベトナムに軍資金や兵器を支援し続けることで、中国を北と南から挟み撃ちできる態勢を構築しようとします。

対ソに関しては米国と気脈を通じた中国指導部は、これに反撃しなくてはいけないと決意していました。

まず中国軍が、公式には南ベトナム領土とされていた南沙群島（パラセル諸島）の武力占領を、1974年から開始します。ついで75年には、カンボジアの毛沢東主義のテロ集団「クメール・ルージュ」（指導者はポル・ポト）を支援して、同国内を恐怖支配させました。

ベトナム政府は、これを座視していればインドシナ全域が中国に操られると心配し、1978年末にカンボジアに侵攻して、翌年1月にポル・ポト一派を首都プノンペンから放逐。そこにベトナム傀儡のヘン・サムリン政権を据え、ベトナム軍部隊もカンボジア領内にとどめました。

これに対して1979年1月29日に訪米した鄧小平は、当時のカーター大統領に密かに、《ガキ（小朋友）が調子に乗っているから尻を叩く》と、一撃離脱の限定的な対越「懲罰」戦争の決意を告げます。

ソ連を後ろ盾にしたベトナムの勝手を放置していたら、ASEAN諸国に対する中国の威光はゼロになってしまいます。ゆくゆくは、全ユーラシアに号令をするためにも、東南アジアに対しては常に中国の実力を印象付けておかねばなりません。そこで中国は、ここで一回、クラウゼヴィッツのいわゆる《現金決済》をしておこうと決めたわけです。

鄧小平は、ソ連国境に沿った50万の守備軍をアラート状態にし、いつでもソ連と全面核戦争する用意はあるとソ連政府に釘を刺した上で、2月17日に、戦車を伴った2万人の侵攻部隊をベトナム北部へなだれこませました（この時点で中国の水爆ミサイルは、モスクワまで届くようになっていました）。

中国軍にとっては1953年の朝鮮戦争いらいの実戦でしたが、首都ハノイへの関門となるランソン市を激戦の末に陥落させ、《いつでもハノイを攻略できるんだぞ》という実力を誇示することに成功します。

じつは鄧小平は最初から、ハノイより北側の線で侵攻部隊をUターンさせる方針でした。これは『孫子』「作戦篇」の冒頭に、――軍隊の遠征作戦は、凱旋する日を予め決めておき、もしその日までに満足な戦果をあげられなかったとしても、けっしてぐずぐずと作戦を続行したりせずに、「拙速」でもいいのでサッと切り上げるのがよい――とアドバイスされていた古智を、軽視しなかったのだろうと信じられます。

1979年3月1日に北京は、《懲罰の目的は達した》と宣言して、3月16日までに全部隊を中国領土内に撤収させました。

ベトナム政府は「勝利した」と主張したのですが、首都のすぐ北側に位置するランソンを守り切れなかったのですから、中国は確かにその強さを示したと、世界は観測しました。

その後、中ソ対立は1980年代に入って緩和し、89年にはゴルバチョフ書記長の訪中も実現します。

しかし、ソ連は弱っていました。

1988年1月、スプラトリー諸島内の、ベトナムが領有を主張していた「ジョンソン南リーフ」に中国軍艦がやってきて陣地工事を開始。3月にこれを追い出そうとしたベトナム兵とのあいだに火力交戦が発生して、ベトナム側の72人が戦死するという大事件が起きています。モスクワは何の介入も仲裁もできませんでした。

けっきょくソビエト連邦が1991年に崩壊しますと、ベトナムは後ろ盾がなくなったので、それまで公式には断絶していた対中関係を再開するしかなくなっています。

近年の研究によれば、中越戦争は1979年に終わったとは言えず、国境地帯では1993年までも交戦や敵地占領の応酬が続いていたということがわかっています。どちらの側も報道を厳重に統制できる社会主義体制なので、累算数万人にもなるその戦死傷者の詳細は、世間に漏れることがなかったのです。

南シナ海における、スプラトリー諸島やパラセル諸島の領有をめぐるベトナム政府やフィリピン政府との紛擾《ふんじょう》を中国がまた焚き付け始めたと世界が感じたのは2007年頃からです。

2009年には、中国政府はいわゆる「九段線」を唱え出し、南シナ海のどこかにあるかもしれない海底の石油資源や天然ガス資源を総取りしようとする、機会主義的な領土野心をもはや隠さなくなりました。

2014年、ベトナムのEEZ（排他的経済水域）内に中国が無断で強引に石油掘削リグを持ち込みます。PAFMM（中国海上民兵）に属する29隻の屈強なトロール漁船が輪形陣をつくってリグを取り巻き、ベトナムの公船（コーストガード、海上警察）を近寄らせませんでした。「キャベツ戦術」とこれを呼ぶ人もいます。

ベトナム政府は、全国的な反中国デモを組織するという方法で応えました。北部ではデモは暴徒化し、数人の中国人が殺されるまでになります。数週間後、中国は掘削リグを撤収させました。

ベトナムがなかなか手強いとわかると、「海警」の公船と一体化した「海上民兵」によるグレーゾーン工作の矛先は、マレーシア（2016年のラコニア礁EEZ）やインドネシア（16年のナトゥナ諸島EEZ）やフィリピン（19年のパラワン島沖EEZのリード・バンク。その近くで1984年に原油が掘り当てられている。パラワン島はフィリピンとボルネオ島の中間に位置）など、もっと弱そうな相手に向けられます。

『孫子兵法』の「虚実篇」のおわりの方で、流水の譬えが出てきます。水は単純に、高いところを避け、すこしでも低いところを自動的に流れ下りますよね。軍隊の指揮もそれと同じなんだ、というのです。手強そうな敵には正面から当たってはいけない。むしろ自動的に避ける。そして近くのいちばん弱そうな相手や、たまたま隙を見せて守りがガラ空きとなっている箇所を自動的に攻撃するようにすれば、敵は予測して対応することもできず、こちらの決心のスピードに翻弄されて破れるぞ——と教えるわけです。

2010年代の中国も、低いところを探してうろつく「水」だったのでしょう。

しかし、どこでも激しい反発を買ったことは同じでした。


他方で中国政府のルール無視を危険視する西側資本は1998年以降、中国国内の生産工場を徐々にベトナムやASEAN諸国へ移すようになります。2018年以降、トランプ政権が対中国の制裁的な関税措置を強化すると、このサプライチェーンの再編の動きは、大勢としては決定的になったように見えます。


もちろん、東南アジアには現在、中国向けの輸出や、中国からの輸入、あるいは投資に、経済的に大きく依存していない国はありません。ベトナムの隣国のラオスなどは、対外債務の49%が中国相手で、典型的な「債務の罠」に落ちています。近年の中国市場の巨大さや「金あまり」を考えたら、そうなってしまうことに不思議はないでしょう。ベトナム国内にも、たくさんの中国企業が進出しています。にもかかわらず、それら中国周辺諸国は、優越的な経済力をかさにきて近代的なルールや「公的な約束」を破ろうとする中国人の流儀に対する嫌悪や反感を、同時に抱き続けています。

ベトナム人民は過去二千年以上、中国に隣り合いながら、中国から同化されることを拒絶してきました。そのベトナムを、これから数十年のうちに中国が心服させ、全ユーラシア支配の尖兵として顎で使えるようになる日が来るとは、到底考えられません。まして１９９５年以降は、もし中国がベトナムにあの79年のような侵略戦争をしかけた場合には、米国が２０２２年のウクライナに対してみせたように、即時にベトナムの強力な後ろ盾となることが、技術的に可能となっています。95年に米国とベトナムは、国交を回復させ、いらい、中国を念頭した軍事交流も深めているからです。

ベトナムのＥＥＺ内に、未知の巨大な海底油田が発見されたりしたような場合には、中国は、何が何でもそれを奪おうとして、おそらく戦争を辞さないでしょう。またインドシナ半島周辺に何か大きな騒動が突発してベトナム国内の団結が急に乱れたような場合にも、中国軍はそれを侵略の好機と考える可能性があります。

しかし今後、そうした意表外の攪乱が発生せぬ場合は、時間は、人口構成がはるかに若々しく、それに支えられて経済成長に強い勢いが見込まれるベトナムの側に、味方するものと考えられます。

「米ソ冷戦」の終焉は米中関係をどう変えたのか？

西側自由主義陣営の旗手であるアメリカ合衆国と、旧ソ連を継ぐ反近代専制主義のチャンピオンとなりつつある中華人民共和国との関係史は、ずいぶん波乱に富んでいます。

両国が領導する二大陣営は、いつかはクラウゼヴィッツのいう《現金決済》――すなわち軍事的な激突も、見据えています。

これほど大きな対立の構図の外側に、わが日本国が飛び出すことは、地球が狭くなっている近代以降では、不可能です。そもそも幕末に日本国が「開国」を余儀なくされた原因のひとつが、米国と清国の間の通商でした。わが国の近代史の1ページ目から、わが国は米中関係の局外者たり得なかったのだという、世界事情の把握があらためて必要です。

中国共産党の初期の最高実力者であった毛沢東（1893～1976年）は、1946年に、ある米国人記者に対して、《人民戦争の前には核兵器など「張子の虎」なのだ》との見解を披瀝しています。

当時、核兵器を持っていたのは米国だけでした。毛は、中国が兵隊の多さと土地の奥深さを利用して慎重に戦争すれば米国にも勝てるという自信を抱いていたのです。このような強烈な信念を、毛は、死ぬまで保持していました。

1949年にソ連が核実験に成功したことで、毛沢東はますます強気に《歴史の必然》――共産主義が資本主義を圧倒する――を妄想します。

そして1953年、米国の指導者層は、毛がほら吹きではなかったことを思い知らされました。1950年勃発の朝鮮戦争が、米国にとっては不本意な「引き分け」に終わったからです。

アメリカ合衆国の指導者層と庶民とが、共産主義者が率いる中国軍を、あなどれない敵手であると理解し記憶するには、朝鮮戦争という《現金決済》がいちど必要だったと評し得ます。

航空戦力では米軍が最後まで優勢を保持したとはいえ、敵の主たる補給路であった鉄道線路を執拗に爆撃して輸送を妨害し続けることまでは為し得なかった国連軍（その主力は米軍でした）は、終盤において朝鮮半島の中ほどで地上部隊が対峙をしたまま、中共軍と休戦します。

第二次大戦が終わってこれで安居して楽業にいそしめる時代が到来したのだと思っていた米国本土の有権者たちにとって、3万3000人を超える米国籍軍人のあらたな戦死は、それ以降の中国軍との陸上対決を、歴代の米国政府をして頭から排除せしめるにじゅうぶんな《悪い思い出》になりました。

たとえば1960年代、アメリカ軍がベトナム戦争に直接介入するようになったあとも、歴代の大統領や国務長官はけっして米軍の地上部隊を北ベトナム領内まで進軍させようなどとは考えません。

もしそんなことをしたら、中国軍が即座に北ベトナム国境から南下してきて陸戦で米軍の相手になり、あの朝鮮戦争の悪夢がふたたび蘇って、次の国政選挙では現政権与党が大敗する――と、恐れたためです。

1960年代と70年代前半は、東西どちらの陣営も、第二次産業が著しく発展した時代でした。まだ「省エネ」「地球温暖化防止」といったアジェンダもなく、経済成長のためにエネルギーをふんだんに消費するのは、むしろ人類進歩の証しと考えられたものです。

当時、世界最大級の石油輸出国だったソ連は、爆発的に増大する世界の石油需要のおかげで稼ぐことができた潤沢な外貨を、国内の軍需工業に集中投資して、通常戦力と核戦力の両面で、米軍の軍備に並ぼうとします。

多くの世界の庶民は、ソ連の隆盛が、社会主義の「計画経済」のおかげなのだと錯覚しました。ほんの一部の事情通だけが、全世界での油田開発や、西側工業国内でのエネルギー利用効率が改善されるにつれ、国際油価は下落し、ロシア系住民の出生率も低いソ連の経済は勢いが翳《かげ》るだろうと予想しましたが、その凋落《ちょうらく》がいつハッキリするのかは、誰にもわかりません。

そんななか、ベトナム戦争などにいつまでもかかわっていると、ソ連との核軍備競争に負けてしまうと懸念した米国のニクソン政権（1969年1月〜74年8月）は、中国との外交関係をアクロバティックに転換することで、インドシナの泥沼から足抜けすることを決意します。つまりベトナム戦争の戦費を米国の核軍備に充当し、その圧力によってソ連を「戦略核兵器制限交渉」のテーブルにつかせようと考えたのです（じっさい、その思惑通りになっています）。

台湾にあって、われらこそが「中国」の正統政権だと呼号していた、第二次大戦中からの米国の盟友の蒋介石（中国国民党総統）の頭越しに、米国は、中国大陸を現実に支配している中国共産党を、対ソ政策での友軍に引き入れようという大胆な路線変更を決心しました。これは米国にとっては「安全・安価・有利」な政治だったのです。

やがてレーガン政権（1981年1月〜89年1月）が、石油収入に依存するばかりで「効率化による成長」ができないソ連式経済の弱点を衝いた「スターウォーズ計画」を策定。その成果としてじっさいに東欧共産圏諸国の体制崩壊が始まりますと、中共指導部は、ソ連が衰滅したあとの世界で、いよいよ中国が米国と対決する未来は不可避であるとの覚悟を固めます。しかしこのとき米国の経済界はおめでたくも、中国政府の友好芝居に騙されて、中国人はすっかり米国の味方になるだろうと思い込み、浮かれていました。

毛沢東死後の中国共産党を率いた鄧小平（1904〜97年）は、一党独裁のじぶんたちが生き残れる道として「改革開放」政策を打ち出し、西側の資本家たちを利用して中国経済をスピーディに成長させることでソ連の二の舞を避けるとともに、西側政府と世論をうまく懐柔し、そのあいだに水面下で米軍に対抗できる近代的な軍事力を構築しようと図ります。

ついに1991年12月に至り、共産主義体制の本家であったソビエト連邦は自壊。ここに1945年以来続いていた「米ソ冷戦」も終焉しました。

世界は、1990年から91年にかけて、地球の裏側の砂漠でイラクの大軍を空からこてんぱんに叩き潰してしまった米軍の実力を見せ付けられたばかりです。すでに89年の天安門事件から動揺していた中国共産党の高級幹部たちの、自己権力の未来に関する危機意識は、このとき、いかほど募《つの》ったでしょうか。

このあと、中国は、体制の生き残りをかけて、《マッキンダー地政学・プラス・アルファ》を追求するようになります。

すなわち、台湾や尖閣諸島やスプラトリー諸島やボルネオ島など、ユーラシア大陸の東方の海上に拡がる他国領土や海面を、海軍軍拡や政経工作によって実質支配し、それによって米海軍を中国本土から遠ざけるとともに、あわせて、やがて米国との軍事対決に至る前後の、石油資源のアウタルキー（自国支配地内で自給自足ができること）を確保することで、中国の弱点をひとつでも減らして行こうという、大きな方針です。

そのさい、海警や海上民兵や民間政治団体を駆使するグレーゾーン工作に注力することが「安全・安価・有利」になると期待もされます。が、いちばん価値が高い目標としては常に「台湾の併合」が念頭されていることに、変わりはありません。

台湾領内には石油は産出しませんが、台湾の先には、パラワン島（フィリピン領）やボルネオ島（マレーシア、ブルネイ、インドネシア領）といった、まちがいなく石油が出る地域が拡がっています。もし台湾に中国海軍の拠点を置くことができれば、それらの地域に中国軍を送り込むことも、今よりははるかに容易になるのです。

そしてそもそも「台湾征服」には、実利面の打算を超越した、政治的に卓絶した意味もあることを、わたしたちは知っておくべきでしょう。それはほかでもない、中国人の「面子」の問題です。

将来の米国政府が、中国市場を重視するあまり、中国べったりの路線を選ぶことは、あるのだろうか？

ある国と別な国とのあいだの経済的な依存関係は、さまざまな面で「非対象」であるのが普通です。

たとえば2023年9月に中国政府は、日本産の水産物がなくても自国側のダメージはほとんど無いと判断した上で、政治的なイヤガラセを目的として、全面的にその輸入を禁じています。中国は日本産の水産物が輸入できなくなっても別に国家の安全保障が危殆《きたい》に瀕するようなことはありません。それは中国向けの輸出ができなくなった日本側も同様です。

中国政府は2010年にも、とつぜんに日本に対して「レアアース／レアメタル禁輸」という悪意の「政治」を発動しています。このときは、日本側に相当のダメージがあるだろうと、彼らは期待したようですが、その思惑は外れました。いかにも中国はレアメタルの産出大国でしたが、レアメタルのすべてを一国で独占的に掘っているわけではありません。輸入国の側では、代替供給先を国際市場で探すことは、常に可能なのです。

国際法も国連も、特定国が侵略戦争を開始したのをあとから咎《とが》めることができるだけです。

中国政府は、2010年において、日本に戦争を仕掛けて言うことを聞かせるという「政治」のオプションもありました。が、さすがに尖閣諸島の領有を争って「直接侵略」を発動してけ、中国指導層の権力にとって「危険・高価・不利」な結果を招くと想像ができましたので、もっと「安全・安価・有利」な別の手段、すなわち、戦争一歩手前のさまざまなイヤガラセによって、日本政府を中国政府の命令に従う隷属機関に変えることができないか、試しているところです。

まさに《水が低いところを探している》情況なのだと言えるでしょう。もし日本政府がこの程度のイヤガラセや脅しに屈するようであれば、日本こそが周辺地域のうちで《いちばん低いところ》だと彼らは認定しますので、『孫子兵法』が推奨している如く、そこにもっと多量の水を注ぎ込んで、さらなる譲歩を「安全・安価・有利」に日本から引き出そうとするでしょう。このようにして、戦わずして他国を政治的に支配してしまうことを「間接侵略」と呼びます。

逆説的ですが、間接侵略を阻止／抑止するオプションの一つは、「軍事的反撃」（の態勢）です。1937年に「日中戦争」が勃発した背景は、中国政府側に、その軍事的反撃をしたいという意思があったことです。

また、経済的な依存をできるだけ弱めていく「政治」も、間接侵略を防遏《ぼうあつ》する有効なオプションです。

たとえば米国IT大手のアップル社は、中国市場から多大の利益を得ていましたが、まさにそうであったがゆえに中国当局からの反近代的な統制や干渉を受けてしまうことを嫌気して、2023年以降、サプライチェーンをインドやベトナム、マレーシアなどに分散させる計画を進めました。呼応するかのように、中国政府もまた、政府機関や国有企業の職員に対して、同社製品の「iPhone」の使用を禁じたのです。

中国政府と米国ITメーカーのあいだの基本的な価値観が相容れないときに、両者のあいだの経済的な相互依存も、あってはならないのだと、双方が認識しているわけです。

中国市場でカネを儲けるのとひきかえに、中国政府が携帯アプリのすべてに、専制政府に奉仕することを求めてきたときに、もし西側ＩＴ企業がその条件を呑むのなら、それは近代個人の自由な魂を売り渡したも同然でしょう。中国が近隣他国に仕掛ける「間接侵略」は、その拡大版です。

さて今日、中国にとってのホタテ貝も、日本にとってのリチウム鉱石も、その輸入が止まったら自国内に死人が出るとか、大会社が倒産するとか、軍隊が戦争できなくなってしまう――というほどの死活的な商品・物資ではないでしょう。

しかし各国間で交易されている「財」の中には、輸入している国の側で、「それが得られなければ国家として破滅するしかない」と考えられるような物資が、稀にですが、あります。食料をほとんど自給できない国にとっての食料・農産品や、毎年大量の石油を輸入しなければならない国にとっての「石油」が、その代表的なアイテムです。

平時に、石油をあまりにも米国に一方的に依存する経済関係を築いた結果として、米国と戦争する気になった政府が、過去にありました。忘れている人もいるかもしれませんが、それは大日本帝国です。

１９３７年に日中戦争（支那事変）が始まったとき、わが国は、陸海軍を維持し、作戦させるために必要な石油類のほとんどを、英米市場から輸入していました。また兵器生産に不可欠な特殊鋼の原料は、ほぼ米国からの「屑鉄」に頼り切っていました。

そして、そうした戦争物資の対米英依存率は、日中戦争が続く間、高くなる一方でした。米英の実業家たちは、日本のおかげで相当儲かっていたと言えましょう。

しかし、人は、先のことまで予測して「安全・安価・有利」な「政治」を選び取れる存在です。米国政府は、このままにしておいては、ゆくゆく、米国市民にとって「危険・高価・不利」な世界ができると判断します。

1930年代の日本国は、近代の約束事に背を向けようとしていました。1922年の「中国に関する九カ国条約」を批准していた日本国政府は、そのなかで中国政府の主権を尊重しますよと公的に約束をしていたのに、31年の満洲事変以降、日本軍隊の力を背景にして、中国領土内に逐次的に、南京政府の主権が及ばないエリアを広めつつありました。たとえば35年以降の「北支分離工作」は、今日でいうところの「グレーゾーン侵略」に相当し、「九カ国条約」違反であることは明らかでした。

当時、中国政府の軍事的な反撃能力が低すぎたために、日本政府としては、そんな横紙破りな大陸政策が「安全・安価・有利」であるように思われたのです。

米国政府としても、弱すぎる中国軍に代わって、たとえば米海軍じしんが乗り出して日本と事を構えるようなことをしても、リスクにメリットが見合わず、「危険・高価・不利」な「政治」だと思えましたので、たとえば日本向けの航空用ガソリンの輸出を政府の要請によって国内事業者に停めてもらう「モラル・エンバーゴ（道義的禁輸）」を発動したのが、やっと1939年12月になってからです（37年以降、日本海軍の双発攻撃機を護衛する単座戦闘機の航続距離を少しでも伸ばすために、米国でしか製造が不可能であったハイオクタン・ガソリンを、日本は大量に輸入していました）。

しかし翌40年に日本が「日独伊三国同盟条約」に調印してしまい、欧州で前年から侵略戦争をスタートしていたドイツの正式の軍事同盟国になりますと、米国政府としては当座の対日貿易を長期の米国の安全以上に重視する理由がなくなりました。

とうとう1941年8月には、船舶用の重油を含む一切の石油類の対日供給を、米政府命令で禁ずるに至ります。この措置に、英国とオランダ植民地（今のインドネシア）も同調しましたから、日本国内では刻一刻とストック石油が減りはじめ、大戦争を始める場合に必要となる航空機や軍艦やトラックを動かすための石油がじきになくなってしまうという窮迫が目前にあらわれました。じつは、こうした経済制裁は、侵略を阻止する手段として、国際聯盟規約が早々と推奨をしていたもので、第一次大戦直後に「五大国」であった日本は、その規約に賛成をしているのでした。米国は正規の連盟加盟国でこそありませんが、そもそも連盟規約を作らせたのは米国で、米政府はそれが準国際法となるように遵奉《じゅんぽう》をしていました。

2010年の「レアメタル禁輸」と違って、1941年の米英政府による「対日石油全面禁輸」を受けたときの日本政府は、国家としての破滅に直面したと自覚しました。それで、飛行機や軍艦を動かすことのできる燃料があるうちにと前のめりに、イチかバチかの「対英米蘭開戦」を選んでしまったのです。それは、当時の日本政府を衝き動かしていた陸軍省内と海軍省内のエリート幕僚たちの頭の中では、いちばん「安全・安価・有利」な政治だと、思われたのでした。

今日、中国政府は、もし米海軍によってマラッカ海峡から南シナ海・東シナ海を封鎖される事態となりますと、ただちに、1941年末の大日本帝国と同様に、本格戦争の遂行に不可欠な大量の液体燃料が補給できなくなるだけでなく、国内産業を操業させ続けるのに必要な商用トラックを走らせることもできなくなることを、承知しています。

ですので、米海軍をして「対中国海上ブロケイド」を自動発動させない、戦争一歩手前のありとあらゆる手段で、なんとか台湾に対する政治支配や、ボルネオ島の油田支配、尖閣の領土支配を、完遂しなければならない――と、北京の奥の院では、算盤をはじいているはずです。そのさい、戦争一歩手前の脅しを利かせるためには、じっさいに戦争できる軍備も不可欠であることは、申すまでもありません。

これに対し、わが国をはじめとする周辺諸国に、中国発のイヤガラセや間接侵略工作に屈せず、場合によっては「軍事的反撃」も辞すものではないとの決意と、それを裏打ちするじっさいの「備え」がともなっていたならば、中国政府が合理的計算をするかぎりにおいて、北京は、政治的・軍事的な地域覇権の達成を、当面、諦めるしかありません。

同時に、日本経済が、中国市場への依存をこれ以上は深めないように気をつけることも、わが国と自由主義世界の安全にとって、大いに有益です。

米軍はこれから先の数年間、どのようにして中国軍の海洋進出に対抗しようと考えているのだろうか？

いま、全世界に、有人の軍用機はおよそ5万3500機あるそうです。そのうち米軍が擁しているのが約1万3000機です。

対する中国軍の有人軍用機は3200機ほどでしかありません。じつは、台湾＋韓国＋日本の軍用機の総計よりも少ない。この「台湾」を外して「豪州」を挿入しても同様です。

世界の航空宇宙企業の番付を見ますと、中国最大の「AVIC」でも、12位にすぎません。世界の空を飛んでいる飛行機の49％が米国製品なのです。

知られていますように、米空軍や米海軍・海兵隊、そして米陸軍の航空部隊（戦闘ヘリコプターなど）は、平時からグローバルに展開しています。けれども、必要とあらば、中東や欧州方面から太平洋戦域へ、すぐに数千機の軍用機を集中することが可能です。

一見してすら、斯《か》くも圧倒的な、これほどの米国（およびその同盟諸国）の航空戦力を敵に回してまで、中国軍や中国共産党指導部は、台湾を武力併合しようと思うものでしょうか？

結果予想に失敗すれば多数の人命が危険にさらされる政策を検討するに際しては、考えるヒントは、できるだけ歴史の教訓の中に求めるべきで、その態度ならば、責任あるアプローチと言えましょう。

思い出しましょう。

1950年の世界においても、やはりアメリカ合衆国の総合航空戦力は、他陣営を圧して総合的に冠絶していました。第二次大戦が終わってまだ5年目ですから、重爆撃機のストックなども相当多数が残っており、資材にも人材にもじゅうぶんすぎるほどの余裕がありました。

当時の世界中の誰も、アメリカ空軍と海軍航空隊に勝てると思う者はいなかったはずです。

にもかかわらず、朝鮮戦争は起きているのです。

戦争計画者は、こう考えたのでした。

「韓国軍の装備はきわめて悪く、訓練も劣っている」「アメリカ政府の高官が韓国の防衛はどうでもいいと考えている証拠もある」「ソ連と中共が後ろ盾になっているこちら側には敗北はあり得ない」「韓国人民は共産軍を大歓迎するだろう」——と、このように当時の北朝鮮指導部が思い込んで、それこそ勝つ気まんまんで、6月25日の農繁期に南侵は開始されています。

彼らのプランは、奇襲と電撃戦を組み合わせて韓国全土を素早く占領してしまって、アメリカ政府が日本や米本土から大軍を陸上へ派遣する間がないうちに、既成事実（仏語で fait accompli）を固定して覆せなくしてしまうという可能性に賭けたものでした。

怒濤のいきおいで共産軍の地上部隊が一斉に南下するのを、さしもの米軍の航空機にも、阻止はできないし、まして、南侵軍がもと来た道を引き返すよう強制する力は、飛行機にはないはずだ、と計算されました。

途中で空爆されて痛い損害を蒙っても、かまわず、がむしゃらに半島の南端まで占領してしまえばいいのです。それを報告された後では、米本国にて増援地上部隊の動員に手間取っているはずのワシントン政府も、あらためて上陸作戦を組み立てるのを、ためらうでしょう。いまさら韓国の原状回復を試みても、そのコストは、著しく高くつきそうだと予想がつきますから。殊に若い米兵の人命損失を慮れば、なんとなく、あきらめる気となり、共産軍による朝鮮半島征服を、中国共産党による1949年の中国本土支配と同様に、現実として渋々受け入れるであろう——との目論見も、成り立ったわけです。

じっさいには、どうなったでしょうか？

当時の韓国軍は、米国政府が陣容に制限を加えていて、戦車も飛行機もない8個の歩兵師団があっただけでした。それに対して北朝鮮軍は、最新のソ連製戦車などを中核とした20万人の大軍で奔流のように南下し、開始から1カ月と10日にして、半島南端の釜山市をとり囲む狭い陣地線にまで殺到することに成功します。

しかし韓国兵の粘りと米軍の緊急派遣、さらに圧倒的な米軍機の航空支援によって、電撃戦のモーメントはその線で押しとどめられました。北朝鮮指導部にとっては、大きな見込み違いが顕在化しました。

そのあと、助太刀の中国軍が新たな相手となった激戦が1953年までも続いて、おおよそ開戦前と大差のない今日の南北境界線が定まった経緯は、周知の史実です。

この戦争では、北朝鮮軍の将兵50万人と、北朝鮮の民間人250万人もが、死亡したであろうと推計されています。国土もすっかり焼け野原に化しました。

そんな結果に終わることがもしも事前に確からしく予測ができていたのなら、誰であろうとこんな戦争には踏み切らないでしょう。

しかし、戦争は、間違った見込みのもとに、始められるのです。そして始まったがさいご、防御側の陣営は、最後には敵を押し返すとしても、やはり何万人もの人が死なねばなりません。この現代史こそ、今日の私たちが忘れてはいけない教訓です。

アメリカ合衆国が、韓国の安全保障に関してさまざまな「隙」を見せてしまって、共産陣営側に「勝機がある」と誤断させたことが1950年の侵略を招きました。

侵略者の陣営は、いったん膨らませた「征服・占領」の期待のもとに本格作戦を始めてしまうと、途中でうまくいかずに「失敗した」と気が付いても、そこで作戦を「拙速でいいから」と切り上げることは、まずできません。

1979年のベトナムに対する鄧小平の「懲罰」作戦が短期戦で済んでいるのは、さいしょから領土拡張は狙わずに、引き揚げの手順まで周到に計画を定めて、段取りに遺憾がなかったからです。

それに対して、領土欲から戦争を始めると、独裁者としては、戦況が悪くなればなったで、意地でも成果を出すための努力を倍化させるしかなくなり、ズルズルと何年も、烈しい戦闘を続ける流れになるのです。

つまるところ、専制的指導部の「権力」が、「安全・安価・有利」に保持されればいいので、その動機から、おびただしい数の人命が、徒らに犠牲にされ続けます。

わたしたちはこのパターンを、2022年2月に「3日間でキーウを占領してしまえる」と思い込んでロシア軍にウクライナ侵略戦争を命じ、予期に反して戦車1万両を損耗させられ、兵員8万名以上が戦死するなど、もはや勝利は遠ざかったのに、なおも戦争を止める気がない、ウラジミール・プーチンとそのとりまきのFSB（国家公安局）たちの姿の中に、観察することができています。

過去数十年間の現代史は、明瞭にわたしたちに教えてくれています。

西側自由主義諸国の政治家は、領土や領海などの支配空間を膨張させたがる潜在的な侵略者陣営に、そもそも戦争を始めさせないように、仕向ける努力を継続する責務があります。

RAND研究所の最新報告によると、中共は米軍と戦争して勝つ方法も、台湾を統治する方法も研究していないという。本心から征服したいのならば、数百機の民航旅客機に便衣の兵隊を満載して強行着陸させれば、3日で台北は占領できてしまう。弾薬もあとから数万の漁船・雑船で届けられる。だが、その先の末路は悲惨だろう。（イラスト／Y.I. with AI）

そのためには、核心的な部分において侵略は成功すると妄想をたくましくしがちな独裁者に、「開戦しても一文の得にもならない」と教えるだけではダメなのです。

単に将兵の死傷や兵器弾薬の消耗が大きくなるぞというだけでは抑止の効き目がないのです。まして経済的な脅しには侵略抑止力がありません。「結果的に領土を増やせた」という報酬は、他のすべての犠牲を霞ませてしまうほどに、侵略者にとっては大きいからです。

つまり、「そっちが奇襲作戦によって一定の土地を一時的に占領しても、その領土は直後に必ず取り戻すぞ」と、そこまでハッキリと、平時から具体的に理解をさせておかないかぎり、わたしたちは、思い込みがはげしい専制支配者に戦争の自制をさせることは難しく、結果、おおぜいの人々の不幸を緩和することもできなくなってしまうのです。

わたしたちは、まず可能性として相手が発起できそうな侵略の様相をできるだけリアルに机上でシミュレートし、その上で、そんな企図を破砕するにはどのような軍備を西側陣営が実体化させておけばよいのかを公平に分析し、それを、将来の潜在的ポテンシャルとしてではなく、今、現に物的に揃っている、「配備済み／集積済み」の部隊・装備システム・弾薬として、実在させておかねばなりません。

そのような部隊や装備システムや対処方針の現存を、確かに承知した敵陣営が、それでも敢えて1950年式の、あるいは2022年式の侵略戦争を発起する可能性は、それが政治的に「危険・高価・不利」であることは疑いもないため、きわめて起こり難くできるでしょう。

これが、現代の西側自由主義諸国が心すべき、《踏み込んだ抑止》態勢の要諦です。

米軍の「エアシー・バトル」ドクトリンは、台湾の防衛に関しても適用されるのだろうか？

ＣＳＢＡ（Center for Strategic and Budgetary Assessments：戦略予算評価センター）は、米国の、独立・非党派の政策研究所ですが、首都ワシントンにあまたある他のシンクタンクとは、いささか影響力を異にします。

米軍の最新の公式戦略はしばしば、このＣＳＢＡの本腰の提言と、響き合っています。

たとえば２０１０年2月にペンタゴンが、「ＱＤＲ２０１０」（ＱＤＲは、4年ごとの米国国防計画見直し）を公表し、その中で、中国軍が採用しているとみられる「Ａ２／ＡＤ」（Anti Access／Area Denial：接近阻止／領域拒否）戦略への対策として米軍が「エアシー・バトル」（AirSea Battle）という新コンセプトに取り組んでいることを明かします。ついで世間は、その「エアシー・バトル」構想の具体的な内容につき、直後の２０１０年5月にＣＳＢＡが発表した提言文書によって、詳しく知ることになったのです。

発表タイミングからしてＣＳＢＡは、国防総省の公表よりも早くから「エアシー・バトル」を討究していることは、容易に想像ができるでしょう。

米軍が２０１５年まで掲げていた、この「エアシー・バトル」について、シンプルな説明は、こうです。

国連国際海洋条約（ＵＮＣＬＯＳ）が認める、領海やＥＥＺ（排他的経済水域）などの境界線（中間線）を一方的に無視して、とめどなく東方へ自国の主権空間を延長して来ようとする、中国の暴力的な膨張運動に対抗するために、米海軍と米空軍は、いつでも逆向きに、中国大陸の海岸線まで押し込んで行くに足る武力を構築しておかなくてはならない——と、「エアシー・バトル」は説いたのです。

米陸軍がカリブ海方面の災害派遣等に活用している兵站支援艦（LSV-8）の１隻「USAV Robert Smalls」。見てのとおりコンテナも積載するが、その荷役のために、コンテナを持ち上げて動かせる作業車両も帯同させる必要がある。（写真／US Army）

補足しましょう。
米国防総省は２０１３年５月に、ＣＳＢＡ版の「エアシー・バトル」に、米陸軍も参加できるようにアレンジを加えた上で、それを、「JOAC（統合アクセス・コンセプト）」の下位構想として、正式に打ち出しました。米軍文書に「J」（統合＝Joint）の文字が入ったときは、それは、空軍省、陸軍省、海軍省（海兵隊予算の面倒も見ている）の誰も疎外をしませんという含意が強調されていると思っていいでしょう。四軍の関係方面のあいだで、巨額の軍事予算をめぐる仁義なき噛み付き合いが生じないよう、国防総省としてはことさら気を配る必要があるのです。

じつは「エアシー・バトル」構想については2012年、米国国防大学校のT・X・ハメス教授が異を唱え、代案として「オフショア・コントロール（OSC）」なるものを世に問うた一幕もあったのですが、ペンタゴンのJOACは、OSCの考え方をキッパリと斥けています。

その議論はとても有益で、今でも重要です。人々がリアルな国際政治を考えるとき、つい陥り易い思い込みについての注意を、あらためて喚起してくれるでしょう。

ハメス教授は、――なにも米軍がわざわざ中国の沿岸まで肉薄をして激烈な海空戦を挑まなくたって、米海軍がマラッカ海峡などの海運チョークポイントを遠くから扼《やく》してしまい、また主要港湾の沖に多少の機雷を敷設するだけでも、中国経済と中国軍が必要とする石油類の搬入、製品や軍需物資の搬出は遮断され、共産党の独裁を国内的に正当化してきた経済成長は止まるので、その圧力によって、北京政府に侵略的膨張政策を撤回させ、原状に復帰させればいいではないか――と考えたのです。

無人航空機や無人水中ロボットを駆使して、台湾海峡を含む大陸棚を「沈底スマート機雷」だらけにしてしまうことは、台湾一国の資力だけでも実現可能な戦法である。（イラスト／Y.I. with AI）

しかし歴史と現実とが、そのような甘い空想を戒めているでしょう。

ある国が、ひとたび決定的な侵略行動に踏み切ったあとで、西側諸国から、遠巻きで及び腰の、間接的で遅効性の制裁を受けたところで、侵略者としては、新領土を「覆せない既成事実（fait accompli）」として確立しおおせるというおいしい政治的収穫をあきらめる理由には、まったくなりません。

国内的には後日に「成功」をいかようにも捏造・宣伝できますし、外国から叩かれれば却ってしぜんに国内には団結の精神気運が生じ、政府が市民生活を戦時統制する口実も得られるのです。

2014年にクリミア半島を「ハイブリッド侵略」によって切り取ったあと、西側諸国から次々ときびしい経済制裁を受けたウラジミール・プーチンは、その後、反省して、クリミア半島をウクライナに返還しようとしたでしょうか？

やっぱり、そんな、のんびりした制裁では、近代の世界秩序は維持不可能なのです。

1990年に奇襲によって隣国クウェートを占領してしまったサダム・フセインのイラク軍をクウェート領土から追い出すためには、国連の経済制裁も、西側海軍による海上封鎖もまるで無効で、畢竟は、翌91年に米軍主導の多国籍軍がイラク軍に空から一大空襲を加え、サウジアラビア国境から大軍を催して敵の遠征部隊をイラク本国まで肉迫して殲滅するほかにありませんでした。

このサダム・フセインの大失敗の顛末が、不可避的に、且つてきめんに待っていることを、侵略的膨張国家の指導者層に、開戦を妄想するその前からありありと信じさせられるぐらいでなくては、抑止など効かないと言えるのです。

米軍の政策を日々考えている軍学校の教授でも、こんな現実世界の勘所が理解できているとはかぎらないのですから、少し乱暴な言葉を使って、いまいちど念を入れておく価値はあるでしょう。

潜在的侵略者に、侵略欲求を自制させるためには、目の前に、こちらの軍隊が「現実」を示威する必要があるのです。なぜなら彼らの想像力は「異常」なので、サダムやプーチンのように、目に見えない未来を都合よく空想しがちだからです。

いかに「既成事実」を奇襲によって確定しようと試みても、侵略行動を開始すれば、100%確実に軍事的に反撃され、奪った領土は、原状に戻されてしまう——と、そこまで事前に疑念の余地もなく判断されるほどに、平時から、こちらの軍事力の「現況」を見せておいてやることが緊要です。

逆説的ですが、自動的に「反攻戦争」が始まるとわからせることで、潜在的侵略者の侵略欲求はようやく自制を強いられ、大戦争が起きなくなる。そのように、わたしたちは期待し得るでしょう。


くどいようですが、忘れぬようにしましょう。いったん戦争が始められてしまえば、そのあと、西側諸国が最終勝利できるとしても、平和回復までに費やされる人命コストと金銭コストは、軽いものでは済みません。

されればこそ、米国政府が採用するべき戦略は、「OSC」の流儀ではないのです。「エアシー・バトル」でなくてはなりません。「エアシー・バトル」を実行できる戦備が顕在しているのであれば、もはや、潜在的侵略者は、その脳内妄想を膨らませることができません。そこまでして、ようやく、世界は、無用な大戦争を抑止できる。近代世界秩序に責任のある超大国アメリカの、責任の果たし方として、ふさわしい結論だろうと思えます。

なお2015年1月に国防総省は「エアシー・バトル」の内容を一層洗練し、名称も「JAM-G

C」（Joint Concept for Access and Maneuver in the Global Commons：グローバル公共財へのアクセスおよび機動のための四軍構想）と改めています。陸軍の果たす役割は、前にも増して、重視されているようです。

そして2019年、CSBAは、概ねこれまでの研究の延長線上に、こんどは台湾有事に特に焦点を当てた最新版の構想を、公表しました。

報告書のタイトルは「連鎖をきつく締める（TIGHTENING THE CHAIN）」といい、あたらしく「マリタイム・プレッシャー戦略」を提案しています。ちょうど10年前の「エアシー・バトル」文書と同様、ペンタゴンのこれからの指針に響き合う原則が示されたと直感のできる内容です。

ペンタゴンは、日本列島の上にミサイル部隊を布陣させたいと思っているのだろうか？

有力シンクタンクの提言、たとえば、2019年のCSBAリポートに書かれていることがそのままそっくり米国政府の路線になることはありません。

殊に2022年2月に始まって今も続く「ウクライナ戦争」では、専門家の見通しが幾度も修正を迫られています。そうした最新の戦訓・知見は、CSBAリポートの討議が採択したいくつかの「予断」「前提」に、なにぶんの見直しを求めずにはおかないでしょう。

にもかかわらず、「マリタイム・プレッシャー戦略」は、オリエンテーションとしていかにも示唆に富んでおり、わたしたちが仔細に承知しておいて損はありません。

わが国の政府が正式に閣議決定している2018年の「防衛力整備の大綱」の趣きが、あたかもこのCSBAリポートを先取りしたような方向性を示していることに驚いた人もいたはずです。

たとえば、陸上から発射して洋上の敵艦艇に命中させる長射程ミサイルの開発予算がつきましたのは、米軍が採用した「マリタイム・プレッシャー戦略」のコンセプトに、わが国として同意し協賛をしているからだという観測を、中国軍としては、することでしょう。

「リムパック2018」演習では、わが陸上自衛隊がハワイの島嶼上から「12式地対艦ミサイル」を廃艦標的に向けて発射したものです。こうしたデモンストレーションも、「マリタイム・プレッシャー戦略」の掲げた主旨に、先行的に、沿っているように見えます。

CSBAリポートは、警鐘を鳴らしています。中国軍は、先制奇襲をドクトリンとして肯定している、と。

中国は、1991年の湾岸戦争を徹底的に分析して、研究の結論として、《米軍に干渉されずに支配地を拡げる》侵略方法を考究しました。米国の軍事力を投射できない選択肢しか米国政府が選べないように、果断、且つ、巧妙に行動すればいいのです。

中国は、米軍が対処に動くその前に「既成事実」を作ってしまうパターンを狙っています。そうさせてはなりません。

新領土の占領企図は徹頭徹尾、失敗し、寸土も得られるものはないのだと信じさせなくては、抑止にはなりません。2014年のプーチンのクリミア切り取りを許してしまった事例が、他山の石です。


中国の初動を抑止するのに、米軍が《侵略が起きた後からかけつける》計画を立てていても、うまくいかず、してやられるでしょう。西太平洋の強敵は、たとい一時的に大きな犠牲を甘受してでも「既成事実」を奇襲によって確定しようと決意しているのです。

その「既成事実」を与えないよう、《占領を阻止》できるように特に考えたシフトを米軍の側であらかじめ展開しておかないならば、米国政府は、為すところなく、敵の強制するあたらしい政治的現実を、呑まされてしまうでしょう。

その対策としてCSBAは「マリタイム・プレッシャー戦略」を考えました。

キーワードは「インサイド・アウト」。すなわち「裏返し」の発想です。

中国軍が最も邪魔だと看做している「第一列島線」の陸地部に、中国軍が手を着けてくる前に、各

中共軍の水陸両用突撃旅団は写真のような浮航式 AFV を 72 両、殺到させられる。1945 年の沖縄特攻では、全備重量 1.8 トンで固定脚の「97 式戦闘機」が意外な戦果を挙げている。今日、九州から尖閣海面まで到達できるプロペラ駆動の片道無人機は 1.2 トン以下で量産できる。浮航 AFV を始末するのに、1 トンのマスと残燃料があれば、爆装の必要はなかろう。対ヘリコプター衝突戦法でも同じことが言える。（写真／2023 年・CCTV のキャプチャ）

種戦術ミサイルで武装した「守備部隊」を点々と並べてしまうのです。その守備隊は、米海兵隊や米陸軍の他、米国と安全保障条約を結んでいる同盟国も提供できるはずです。

米国とその同盟諸国は、大量に、対艦ミサイルと対空ミサイルを準備していなくてはいけません。その投資は、軽い負担ではないでしょう。が、最新の有人戦闘機やイージス艦などを増やすよりも、現実的にははるかに安価に、中共の野望を砕くことができるのです。

この、島嶼上に布陣する防衛部隊を、敵の前に孤立させてはいけません。米空軍と米海軍が、その列島線のはるか外側から、航空戦力によって強力に掩護します。

そこにおいても、頼りになるのは、やはり、長射程の空対艦ミサイルです。数百基、数千基の空対艦ミサイルをこれでもかと発射して、中国軍の揚陸艦や補給艦船が島には近寄れないようにしなくてはいけない、とCSBAは説きます。

中国軍は、第一列島線に対しては、2000発の地対地弾道ミサイル、540発以上の巡航ミサイルを指向してくるでしょう。守備隊は、これを分散した陣地でやりすごせるように、万端の準備をする必要もあります。

島嶼守備隊が奇襲を喰らわないように、レーダーなどの警戒システムも、多重に構築するべきでしょう。「海上民兵」に対応するための、コーストガード（日本の海上保安庁など）の充実も図られねば、そこに隙ができてしまうでしょう。

CSBAは、中共軍が台湾本島に上陸する場合、第一波は2万人になるだろうと予測します。うち25%は死傷するでしょうが、残りの全部を捕虜にできないかぎり「台湾占領」という「規制事実」を作られてしまいます。対艦ミサイルを充実させると、中共軍の死傷者のほとんどは、陸上ではなく、洋上で発生することになるでしょう。

CSBAは、米軍の平時の配置について、問題があるといいます。

まず、在日米軍の75%もが沖縄に集中しているのは、中国軍の先制奇襲に米軍がしてやられる確率を著しく高くしています。

特に米軍の軍用機は、いつでも、九州以北の日本本土の飛行場へ随時・随意に分散できるように、日本政府と協議すべきです。

かたや米陸軍が、第25師団の主力をハワイに置いているのは、遠すぎてダメだとCSBAは考えます。平時から、「第一列島線」の各所に散らばらせておくようにしないと、中国に対して「隙」をつくってしまうことになるはずです。

中共による台湾武力占領シナリオにはどんなものが考えられるか？

2024年9月公表の台湾国防部の年次報告書では、中共軍はウクライナ戦争の膠着を観察して隣国征服が簡単ではないことを認識したので、まず海警船による「臨検」や軍艦を使った「ブロケイド」を台湾に対して試み、長期の「兵糧攻め」に訴え、「戦わずして勝つ」可能性を模索している——とのことです。

また、こうした大規模な艦艇動員演習をこれから毎年繰り返し、台湾側がすっかり慣れてしまったところで、「ブロケイド」演習をいきなり「上陸作戦」の本番に切り替えて来るという「詭道」も、

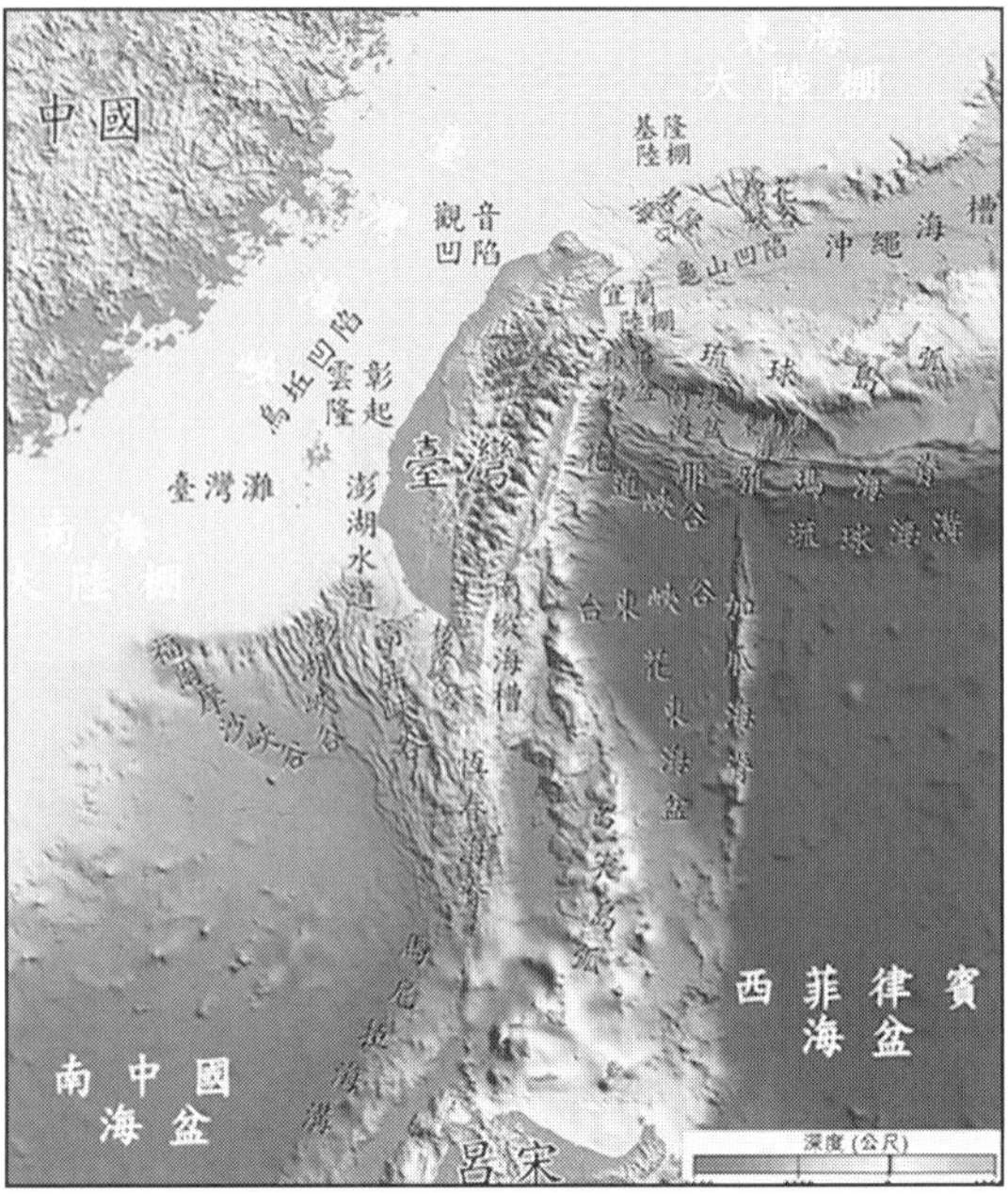

台湾の「國家海洋研究院」がFacebook上に公開している海洋地図。（地図／NAMR）

ありうるオプションであることは、中国人の脳内では、とうぜんに想定済みです。

2023年1月9日には、CSIS（戦略国際問題研究所。米国の超党派の非営利・政策研究組織）が、もし2026年に中国軍が台湾に侵攻し、米軍が台湾軍を助太刀したらどうなるかという、モデル化した「ウォーゲーム」（兵棋研究）の結果リポートを公表しています。

この結果には、前提条件がある、とCSISは言います。

それは、あくまで台湾軍、なかんずく陸軍部隊が、台湾を防衛しようと努力することです。

もしも台湾陸軍に、自国を防衛する気がなくなったならば、外部から誰がどんな援助をしようが、無益なので……。

住民の多い島嶼を占領した敵部隊を、その後になってから、空と海からのスタンドオフ攻撃だけで、追い返せた例はありません。

そしてまさか米軍が、やる気ゼロの台湾陸軍に代わって、台湾本島に上陸し、中共軍と交戦するような介入のオプションを、米国政府は、考えることはできません。無論それは、わが日本政府と自衛隊にとっても同様です。

真実は時に人を困惑させます。軍隊が自国を防衛しないで敵に通じてしまうというオプションが、台湾の場合ならば、あり得ます。

大陸に地縁や血縁を有している国民党の分子は、いつ、中共からの金銭的な誘いに乗り、民進党など本省人系の台湾政府を裏切って、台湾を中共政府に進呈しようとするか、予断ができません。台湾国軍の上層部は、多くが、国民党支持者です。そのため、まるで『三国志演義』の講釈のような、大小の味方部隊の「寝返り」があり得てしまうというところが、台湾の防衛計画等をいまだに厄介にしています。

中共の側から見て、常にこの「間接侵略工作」が有望であるがゆえに、「台湾有事」は、部外者が知ったかぶりをして語れないテーマのようにも見えます。

密かに水面下で進行していた台湾軍内部からの裏切り謀略と、中共軍の覆面工作部隊が合作して、一夜にしてクーデターが成功し、米国政府も日本政府も、ニュースで初めてそれを知って唖然とさせられる日が、来るかもしれぬわけです。

もしも、そうした政治工作のファクターを「ウォーゲーム」に挿入しようとすれば、シナリオの分岐の際限は、ほとんどなくなるでしょう。せっかくエキスパートたちが知見を傾注して臨む試行の過程や結果から、何らの汲むべき有益な参考値ももたらされなくなります。

それではいかにも徒労ですので、CSISは、台湾国民と台湾陸軍が裏切ることなくあくまで侵略軍に抗戦を続けるという設定を、基調に決めたのです。

同様にまた、《南シナ海の沿岸部に張り付いている中国軍部隊は台湾侵攻には加勢ができない》《米国大統領は核エスカレーションを懸念して、米軍航空機が中国大陸本土まで侵攻爆撃することを禁ずる》《フィリピン政府は中立を保つ》《台湾人の士気の変化は考慮に入れない》などの条件限定も、シミュレーションの目的のために導入されました。見たところ、インドも手出しはしない設定となっているようです。

首都台北がある台湾北部には台湾軍が戦車部隊を集中していますことから、中国軍の侵攻主力は台湾南部に着上陸します。しかしその橋頭堡から島の東海岸まで占領地を打通《だつう》するのに手間取り――けっきょく東部や中部の山岳地帯はゲリラ地帯として残されます――そのため南から北へ前線を押し上げて台北を占領するまでに10週間も費やしてしまいます。その間に米軍は日本領土を前線基地として参戦し、空と海から中国軍をミサイル攻撃し、台湾領土内の中国兵は、補給を断たれて孤立します。中国軍はトータルで7万人が死傷し（うち陸上での戦死2300人、海上での溺死7500人。他に捕虜3万人）、けっきょく台湾併合を断念するのですが、米軍にも最大1万人の死傷損害が出てしまいます。

外野のわたしたちから見ていると、どうやら米軍内の専門家は、台湾本島のまんなかを、侵攻上陸した中国軍が、西海岸から東海岸まで打通横断することは、難しいという判断に、支持を与えているようです。これこそが、先大戦時の沖縄本島（米軍は4カ月足らずで日本軍の組織的抵抗を制圧した）との根本的な相違かもしれません。

じつは米軍が19世紀いらい蓄積している島嶼上陸作戦のメソッドの基本といえるものが存在します。上陸直後、なるべく早く、島を二つに分割してしまうように、初盤の地歩を拡げるのです。

沖縄本島はご承知のとおりの細長い島でしたから、米軍は1945年4月1日に読谷ふきんの東シナ海側の海岸に上陸してから、わずか3日にして、太平洋側の中城湾まで、まず占領地帯を延長させました。これ以後は、島の北半分の守備隊は、補給の倉庫たる首里からはかんぜんに分離されて、あとは不毛な北部ジャングル地帯へ向かって逐次に追い立てられるだけとなります。また南半分の守備隊は、どこにいても艦砲射撃の砲弾が届く狭い地積に押し込められて、最後は海岸線近くの洞窟陣地に追い詰められて掃討されました。

およそ陣地を防御する側の利点というのは、ひとかたまりになって力を発揮できることにあるのに、このように地域を二分されてしまっては、各個に包囲されて殲滅されやすくなるのは必定でしょう。

昭和20年春に日本陸軍は、本土防衛を担当する「第一総軍」（司令部は東京）と、「第二総軍」（司令部は広島）を編成して、米軍が上陸してきたなら、東海道から北は杉山元《はじめ》、中部から西は畑俊六という二人の元帥にそれぞれ指揮を執らせる方針を固めています。これも、米軍は必ず本州を東西に分断する作戦で来るはずだという読みに基づいていました（畑俊六は、分断点は近畿であろうと予想）。

そして米軍は、本州上陸の直前には九州上陸作戦を計画していましたが、九州の中央部を早期に分断占領できるとは看ていませんでした（南九州を占領して航空基地を建設した段階で本州に上陸する段取り）。九州と台湾は、その「横幅」が近似しています。

そこから逆に考えて思い当たりますのは、1944年に米軍が、台湾上陸作戦をいちおう研究していながら、けっきょくそれを実行しないで、いきなり沖縄へ上陸することに決めた経緯の、（未公表である）もうひとつの背景です。

おそらく当時の米陸軍参謀本部も、台湾本島の東部の山岳の地積が大きく、住民分布の点から考えても、山地ゲリラ戦の好条件が揃っていると視て、速やかに島の中央で二つに分断する、理想の定石を、台湾に対して適用することは、相当の難事業だろうと、懸念したのでしょう。

当時の円熟した米軍すら躊躇したほどであれば、上陸戦の経験値が皆無の今の中共軍には、とうてい、電撃的に台湾全島を占領する実力はないという判断が、米軍上層の奥の院では、なされているのかもしれません（CSISは、上陸する中国軍がつまらないミスを犯す率については、1982年にフォークランド諸島を奪回した英軍部隊と同レベルに設定しています）。

ただし、それでも台湾軍内部や台湾住民の一部の「寝返り」があると、ゲームの帰結はまったくわからなくなるという「但し書き」が付くことは、すでに述べた通りです。そこに中国側としては、賭けられる余地が残るでしょう。

このCSISのウォーゲームが教えてくれるもうひとつの現実味は、中国軍にはじつは、米軍の圧倒的な「航空戦力」を恐れる理由があまりないのだという、わたしたちには意外な示唆です。

24回の試行で、数値に幅はあるのですが、米軍が中共軍との交戦に入った場合、200機から484機もの航空機を破壊される蓋然性があると、CSISは弾き出しました。しかもその9割は、グァム島のアンダーセン基地や、嘉手納など日本国内の基地に駐機しているところを、弾道ミサイルや巡航ミサイルの着弾によって、地上であえなく撃破されてしまうというのです。

日本国内の飛行場が中国軍の数百基のミサイルで空襲されるようになれば、自衛隊機も当然タダでは済みません。最大で161機を損耗することになるとCSISは算出しています。やはりその9割は、空中ではなく地上で破壊されると考えられるそうです。

総括してCSISは、分厚い鉄筋コンクリートのアーチ状の屋根を掛けてその中に航空機を格納する硬化掩体（HAS）を、日本国内のすべての航空基地に充実させることを、この「ウォーゲーム」プロジェクトから得られる、特に重要なアドバイスのひとつとして、強調しています。

沖縄や九州の、耐爆シェルターが僅かしか建設されていない、特定の数カ所の飛行場を、多数の米軍機がやむをえずに利用するしかないために、中国軍としては、その少数の飛行場をめがけて、クラスター弾頭付きの地対地弾道ミサイルや、巡航ミサイルを、執拗に撃ち込むだけで、簡単、且つ確実に、米軍の航空機を地上において破壊し、あるいは滑走路の使用を邪魔し続けられるのです。

硬化掩体であっても、ピンポイントで直撃・侵徹する精密なミサイルを撃ち込んだならば、掩体内部の戦闘機を破壊することは可能です。が、そのミサイルはどうしても「単弾頭」にしなくてはいけません。仮に2000基の単弾頭ミサイルがあったとして、15％は故障で不到達となり（湾岸戦争時の統計がこれを裏付けています）、最大でも1700機の敵軍用機を地上で破壊したところで、手持ちのミサイルの種が尽きることになります。

中国軍は、まず台湾軍の航空機を確実に全滅させた上で、日本の基地にある米軍機の破壊も狙うでしょうが、それをすべて単弾頭のミサイルで実行するとなると、いくら中国軍でも、ミサイルの数が足らなくなる蓋然性があります。敵軍の飛行場は、初回の空襲後も延々とハラスメント攻撃をし続けませんと、そのうちに修理されて機能が復活してしまいますから、地対地ミサイルの数に十二分の余裕があるのかないのかは、作戦の見通しを左右します。すなわち、日米側にＨＡＳの施設があればあるほど、中国軍の奇襲開戦の心理的な敷居は、急激に高くなるでしょう。

ぎゃくに、もしこうした硬化掩体がまったく整備されなければ、中国軍の地対地ミサイルは、クラスター弾頭を装着して発射すれば、１発の着弾で、何機もの米軍機を、いちどに飛べなくしてやることができます。うまくすれば、初日のミサイル斉射で、台湾空軍だけでなくて、極東の米空軍をほぼ全滅させ得るかもしれません。これは中国軍としてはあまりにも魅力的な展開ですので、米軍基地と航空自衛隊基地にこんな脆弱性《ぜいじゃくせい》のあることが、却って中国軍による戦争開始の誘い水にすらなってしまいかねないのです。

さるがゆえにＣＳＩＳは、敵（中国）をわざわざ誘惑するような「好目標」を与えるべきではない、と注意を促しています。

２０２２年時点ですと、グァム島のアンダーセン飛行場にすら、ＨＡＳはないそうです。超高額の「Ｂ‐２」用には、ペラペラな格納庫があるだけです。

他の手段によっては「Ｂ‐２」に対抗できない中国軍は、グァム島をミサイルによって先制攻撃したくてたまらない、大きな誘惑がそこに生じます。そうなりますと、「戦争抑止」どころか、「戦争待望」になってしまうでしょう。

ステルス戦闘機の「F・22」や「F・35」、あるいはステルス爆撃機の「B・2」をひきあいに出すまでもなく、それよりも古い第四世代戦闘機の「F・15」ですら、米空軍はかつて、空中戦で撃墜されたことが、いちどもないことを誇っています。1980年代以降、空中では、米軍の戦闘攻撃機は、稀に地対空火器によって落とされることがあるだけなのです。

これまで事実上、空では無敵であると考えられている米軍の航空戦力に、しかし中国軍は、《グァム島や日本の飛行場をミサイル攻撃する》という、比較的に単純なミッションによって、確実に対抗ができてしまうのですから、彼らとしてみたら、米空軍はそれほどおそるべき脅威としては映りません。

かたや2023年春の時点で米軍が把握しているところによれば、中国大陸には、台湾を攻撃するための空軍基地（台湾本島から1100km以内）が40カ所近くもあって、しかも彼らはちゃんと硬化航空機用シェルターを800以上も構築しているのだそうです。地下の斜路からすぐにタキシングウェイになっている凝った基地もあります。

CSISは、もしオーストラリア北部の飛行場に米軍機用の「硬化格納庫」を整備したならば、中共軍としては、打つ手はなくなるだろうとも示唆しています。

2023年10月の報道によれば、防衛省では、航空自衛隊の戦闘機を毎年一定数、豪州にローテーション派遣して、そこで訓練させるという「海外巡回配備」を、2024年から開始したい意向だそうです。こうした模索の背景に、CSISの分析が響き合っているように見えます。

台湾をめぐる「開戦」のタイミングを決めるイニシアティヴは、あくまで、中国側にあります。敵は、好機が生じたと看たら、開戦のタイミングを、計画よりも前倒しすることも簡単にできる政体です。言い換えますと、米軍機は、米中間の緊張が高まったあとで嘉手納から疎開しようとしても、もう遅いでしょう。運用している機体の数があまりに多いため、全機の離陸作業は、とうていミサイルの着弾に間に合いません。

だから、米軍機は、平時から、中国軍のミサイルが届かない、ハワイか豪州の航空基地まで、大部分を分散しておくべきである――と、CSISは助言を与えています。

現状、台湾空軍の飛行場には、一部に山腹トンネルを利用したシェルターがないわけではないのですが、やはりネックは、中共側が奇襲開戦に踏み切って一斉に地対地ミサイルを降らせてきたときに、台湾軍機はその地上にある全機を、間に合うようにトンネル内に引き込めるのかどうかで、米軍は、これを疑問視しています。

SIPRIの統計によると、台湾はGDPの4・4%も軍事費に投じており、国防の努力をないがせにはしていません。

ウクライナ軍は複数のタイプのＵＳＶ（無人特攻艇）を運用している。写真は、2023年8月にケルチ橋の橋脚を損壊させた「マリュク」——対外用の名称は「シーベイビー」。炸薬850kgを積み、700km航続するという。（写真／Security Service of Ukraine）

しかしＣＳＩＳが観るところ、投資の配分がおかしい。見栄えのするサイズの古い水上艦の維持や、新しい水上艦の建造に大金をかけ、しきりに宣伝をしていますが、シミュレーションするまでもなく、そんなものは開戦直後に対艦ミサイルが飛んできて全滅するだけだ、というわけです。

台湾は、スプラトリー諸島中の最大の島である「太平島」とその北隣の「中洲礁」を実効支配しています。ある程度以上のサイズの軍艦——殊に揚陸艦——で定期的に周辺海面をパトロールしなければ、その２島に対する台湾の主権を「絵」的に誇示することはできません。澎湖諸島や金門島、馬祖島などの「飛び地」についても同様で、島国であり造船・海運大国でもある台湾が、それらの資産や権益を平時から保護できる水上艦に対する投資を安易にカットするわけにはいかないだろうと、わたしたちには思えるところですけれども、部外者であるCSISの批判は容赦がありません。

CSISは、台湾軍が戦闘機（米国製のF‐16など）を買い揃えるのも無駄な努力なのでやめるべきだ——と言いたげです。彼らのシミュレーションでは、24のシナリオすべてで、台湾軍の艦艇と航空機は早々に全滅したからです。

しかし、いやしくも領空を有する主権国家が、領空侵犯を阻止するための一線級のジェット戦闘機を、最低限の機数も整備せずに、平時において領土主権を主張できるだろうとは、とうてい思われません。

台湾軍側の一般徴兵（平時の非志願兵）の質の低さも、このウォーゲームはしっかりと反映しています。2023年まで、徴兵の義務教練期間はたったの4カ月しかありませんでした（今は1年間）。

これについてはCNNの取材報道があって、教練内容がいちじるしく形骸的である実態が6人のインタビューから端的に理解できます（Eric Cheung 記者による2023年1月20日記事「'If war breaks out … I will just become cannon fodder.' In Taiwan, ex-conscripts feel unprepared for potential China conflict」）。

台湾政府は、２００５年よりあとに生まれた青年からは義務兵役期間を12カ月に延長する方針ですが、それでも韓国の18カ月にはまだ及ばないのです。

そもそも台湾軍はいまだに一枚岩とは言えぬ集団であることに、外野のわたしたちは格別な理解が必要です。１９８７年まで台湾国内には、国民党政府による「戒厳令」が施行されていました。

代々台湾生まれの住民たちは皆、大陸から勝手に押しかけてきた蔣介石軍を憎んでいて、機会さえあればいつでも国民党政権に対するクーデターを起こしかねないと、１９４９年いらい、政府のほうで心配し続けていたような国柄なのです。

台湾軍の中核人脈は、今でも国民党系です。彼らは、徴兵した不特定多数の若者に武器の扱い方を教えることに、アンビバレントな感情を抱いています。民主進歩党などの、国民党ではない政党が政権を握っている時代ですと、ひとしおに、徴兵教育には身が入らぬわけです。

お役所のペーパーの中に、台湾には30万人の軍隊がありますと書いてあっても、そのうち、ちゃんとした志願兵の地上部隊は16万２０００人くらいでしかなくて、他の7万人の徴兵たちは4カ月間を兵舎の掃除だけして過ごしており、ロクに武器の扱い方は知らぬのみか、上官（国民党支持者）とも精神的なつながりは希薄で軍隊内の団結がみられないとしたら、それは果たして、落下傘降下してくる中共軍のプロ部隊と、互角に戦える組織でしょうか？

こういう実態があるからこそ、中共党の中央軍事委員会も、「こいつらが相手ならば、なにもこちらは、3倍の兵数を用意して行く必要はない。3万人くらい上陸させればいいだろう」といった都合のよい錯覚を起こし、ちょうどプーチンが2022年に、たった15万人の部隊で、20万0000人のウクライナ現役兵を排除しようと高をくくって大火傷を負ってしまったような誤断をしないとは、外野の誰も断言できないわけです。

そこまでいちおう想定内とし、そうなっても中共軍はけっきょく台湾から叩き出されて元の木阿弥だよ、と、現実の装備品等の準備により、事前に明示的に了知させておくことが、米国政府や日本政府の責任ある努力だと申せましょう。

米有力シンクタンクは、台湾防衛に向いたハードウェアとして何を挙げているか?

2023年1月のCSISリポートは、ロッキードマーティン社が開発した「LRASM」という、射程が370kmから560kmほどもある(一説には900kmに延伸されつつある)最新鋭の空対艦巡航ミサイルを、米軍やその同盟軍にとっての最良の武器として、高く評価しているようです。

レーダーと連動しての高度な防空戦闘ができそうな中国海軍の軍艦は、じつはそれほど多くありません。十数隻から、せいぜい数十隻というところです。そうした巡洋艦や駆逐艦に護衛された、最も価値の高い空母や強襲揚陸艦、そして艦隊用になくてはならぬ給油艦や油槽船を、戦争の初盤で全滅させてやることが、海洋侵略国家を退却させるためには特に大事だとCSISは――おそらく第二次大戦中の日本の大本営のガダルカナル島撤収決定までの流れを参考にして――考えているのではないかと思われます。

ステルス性があり、射程も十分に長いスタンドオフ対艦ミサイルが、米空軍の長距離攻撃機や、米海軍の艦上戦闘機用としてふんだんに揃っていることを、平時からよく見せ付けておけば、中国指導部も、《台湾に上陸して占領して既成事実を作ってしまえる》と安易に皮算用することはないでしょう。

今日の西側の新鋭水上艦は、1発や2発の低速巡航ミサイルが飛来しても、それを撃墜することができます。しかし2022年4月14日に、2発のウクライナ製の低速対艦ミサイルをたてつづけに被弾して沈没した、ロシア黒海艦隊の旗艦『モスクワ』（1万2000トン）が不吉な前例となっているように、旧ソ連系の防空システムから国産品を造り上げている中国海軍艦艇の対ミサイル防御システムは、これまで実戦で機能を証明してみせたことはまだいちどもありません。西側のイージス艦のような防空戦闘ができるかどうかが、そもそも怪しいのです。

中国艦隊の高価値軍艦1隻に対し、11発以上の対艦ミサイルが同時異方向から殺到した場合、中国軍艦の搭載する防空戦闘指揮用のコンピュータの処理能力がパンクしたり、艦対空ミサイルが弾切れになってしまう事態が生ずる蓋然性は捨象《しゃしょう》できないと考えるのが科学的でしょう。

その「LRASM」を筆頭とした各種の空対艦ミサイル（もしくは潜水艦から発射できる、対艦型のトマホークミサイル）のストック量が、数百発単位ではなく、数千発単位になれば、もはや中国軍による台湾侵攻は、事前に抑止されるだろうとCSISが考えている——という心証を、私は受けました。

CSISリポートでは、2026年時点でも米軍のLRASMのストックは450発と少なく、それは台湾有事の最初の1週間ですべて射ち尽くされてしまうだろう、と警告していました（同時に「JASSM」という、より射程が短い対艦巡航ミサイルも3週間で4000発は射耗されるだろうと見積もっていますけれども、CSISの強調ポイントは、200㎞未満の射程のミサイルにはないように見えます）。

しからば、専門家たちが「これなら十分だ」と考えている、長射程対艦ミサイルのストック量の目安はどのへんなのでしょうか？

2019年4月に、前の国防副長官（2014～17年）のロバート・ワーク氏が、彼の古巣のCNAS（新アメリカ安全保障センター）というまた別な公共政策シンクタンクに招かれてパネルトークをしたなかで、こんな提案をしていました。すなわち、米空軍が退役させようとしている「B‐1」爆撃機を米海軍が貰いうけ、それをグァム島の基地に配備し、弾薬庫には3000発のLRASMを揃えておく。この備えがあれば、中国軍と戦端が開かれてから72時間にして、西太平洋に所在する限りの中国軍艦艇を覆滅させることができるから、その「結果予想」が中国政府／軍をして、台湾侵略を諦めさせるだろう――というのです。

ワーク氏は、大学の海軍予備士官コースから海兵隊の砲兵将校になり、工学系の専門家として除隊後にCSBAという有力シンクタンクに所属した時期もあり、その副会長にまで就任しているエリート・エキスパートです。国防副長官の前は海軍次官。また2019年から21年にかけてNSCI（人工知能国家安全保障委員会）会長を務めるなど、まず海軍関連の先端システムに関する見識でこの人の右に出る高官はいないはずです。

そのワーク氏の所信では、米海軍の水上艦は、空母だろうと駆逐艦だろうと、中国の「A2／AD」アセットの餌食になるだけであって、まったくの予算の無駄です。艦艇としては潜水艦だけが台湾海峡に入り込むことができるので、潜水艦隊は維持する価値がありますが、他の水上艦は削減するがよく、その予算でむしろ、海軍が長距離爆撃機と大量の長射程空対艦ミサイルの組み合わせを整備し運用するのが、最も合理的な対中国シフトになるというのです。

じつはこの提案には「先達」がいます。軍事アナリストのロバート・ハディック氏が、2014年の著書『ファイア・オン・ザ・ウォーター』（未訳）の中で――米海軍は「B-21」長距離爆撃機を、空軍とは別に、独自に保有し運用するべきであり、その予算を捻出するためには、新空母も「F-35C」もイージス艦も、ただちに調達数を削減するのが賢明だ――と説いているのです。その本は米国国防大学校の推奨図書に指定されたそうですから、けっしてキワモノではないのでしょう。

ここで、自衛隊も導入を検討したLRASM――「長射程対艦ミサイル」の略号で、米軍は当初は空対艦兵器として運用予定――について解説しておきましょう。

このミサイルのシーカーには、敵の水上軍艦が輻射している各種の電波を探知できるセンサーが搭載されており、それを頼りに広大な海面から中国軍の有力艦艇を見いだし、最終突入段階では、敵艦を視覚的に識別することで、誤爆を回避する優れモノだと伝えられています。

従来、亜音速ミサイルでむやみに長射程を狙いますと、それが200㎞とか300㎞も離れた会敵予定海面にまで15分とか20分以上もかけて飛翔した頃には、敵艦も変針をまじえつつ30ノットの全速で水平線の向こうへ隠れてしまっている蓋然性は高く、低い高度で作動させている、ミサイル自前のアクティヴ・レーダーは、失探するだろうと考えておくのが健全でした。

それればかりか、まかりまちがえば、たまたまそこを通航していた中立国の商船にアクティヴ・レーダー・シーカーがロックオンしてしまい、取り返しのつかない国際問題を惹起する虞れすらあったわ

艦上戦闘機の「F/A-18 スーパーホーネット」から発射可能な、現代最高性能の長射程空対艦ミサイル「LRASM」。わが国の航空自衛隊も調達と運用を考えている。（写真/US Navy）

けです。

しかし敵の軍艦が作戦行動中に輻射を止めることが現実的には不可能な、特徴的なレーダー波などを頼りにミサイルがホーミングするのであれば、その電波は片道ですから、受信アンテナの感度が特別に高くなかったとしても、自前のアクティヴ・レーダーの反射波をとらえるよりもはるかに遠くから敵艦の所在方位を絞り込んで行くことができます。

同時に複数の敵艦艇を探知した場合には、レーダー波の比較解析から、航空母艦やヘリコプター揚陸艦など、最も価値の高い目標を自律的に選んでホーミングするアルゴリズムにもなっています。

高度な自律性を有していますので、GPS等の航法衛星信号がまったく使えない環境となっても、運用に不都合はないというのが、メーカーの売り文句です。

しかも突入寸前にはマルチ・スペクトラムのイメージ画像を、ミサイル搭載のチップに記憶させてある敵艦の画像ライブラリとしっかり照合しますので、発射する側としても、誤爆を気にしなくて済むという著大な効能があります。

弾頭重量は1000ポンドあって、相手がどんな艦種であっても、破壊力は十分です。

2022年時点で、米空軍は「B-1」爆撃機からLRASMを運用できます。米海軍と海兵隊は、艦上戦闘攻撃機の「F/A-18スーパー・ホーネットE/F」でこのミサイルを運用します。オーストラリア空軍も同じ「スーパー・ホーネット」を装備しています。

日本政府は、2019年の防衛省の「中期業務見積」で「LRASM」と「JASSM-ER」(ERは射程延伸バージョン)の導入を決め、どちらも航空自衛隊の「F-15J」戦闘機から運用するとしています。

「安保・防衛3文書」とは何か?

わが国が西太平洋で果たそうとする責務を透明に自己定義した、日本政府公式の文書です。

「国家安全保障戦略」「国家防衛戦略」ならびに「防衛力整備計画」が、いずれも2022年12月16日に、閣議決定されています。

閣議決定は、重い決定です。

たとえば昭和20年の日本の敗戦の直後に、「平和に対する罪」（いわゆるA級戦犯）を問う「東京裁判」（極東国際軍事法廷）を連合軍が開くのにさいし、昭和16年末の対米英蘭開戦とうじの東條英機内閣の閣僚たち全員が、容疑者として身柄を拘束されています。というのは、もし閣僚の一人でも署名を拒めば、内閣としてのいかなる公式決定も成立せず、したがって総理大臣の東條英機にも誰にも対米英蘭開戦はできなかったはずだからです。それは、わが国の近代内閣制度の、戦後にも続いている伝統です。

明治憲法ができてからこのかた、わが国の行政権は、集団としての「内閣」がもっています。内閣は、立法府である国会に対して「連帯して」責任を負うことが、現行の「内閣法第1条2項」によって定められています。

そのため、政府として重要な政策を開始する前に、その意思決定は内閣総理大臣と全閣僚とが一致して賛成しているのだと国会――すなわち全国民の代表たち――に対して明示をしてもらわないと困る。その公式な説明の段取りが「閣議決定」に他なりません。

閣議決定には、ほとんど法律にも比肩するほどの規定力があると申せましょう。

2022年12月に閣議決定された3文書のうち、わが国の外交や防衛の指針を掲げた、国家安全保障の最上位の政策文書とされるのが「国家安全保障戦略」です。内容をざっと点検しましょう。

そもそもこの「国家安全保障戦略」を、日本政府は2013年に、初めて策定しました。それから10年後のちょうどよい区切りで、改定の運びとなったのです。

折しも2022年2月のウクライナ戦争の展開が世界を騒がせています。けれども、わが国にとって、やはりこの10年間で顕在化したのは《中国の地政学的な脅威》でしょう。ただし、22年12月の改訂文書には、ズバリそのように書くことは避けています。

「普遍的価値やそれに基づく政治・経済体制を共有しない国家」が勢力を拡大し、国際社会におけるリスクが顕在化している——と言い換えています。

この表現は、現行の「日本国憲法」の前文に、「われらは、いづれの国家も、自国のことのみに専念して他国を無視してはならないのであつて、政治道徳の法則は、普遍的なものであり、この法則に従ふことは、自国の主権を維持し、他国と対等関係に立たうとする各国の責務であると信ずる」とあったことを、わたしたちに想起させます。

われわれ日本国民から見れば、中国やロシアは、日本国憲法の理念の反対極を実践している存在です。

もちろん、いくら日本国憲法が《それは普遍的ではない》と指弾しようとも、げんにそうした脅威がわが国のすぐ隣で大きくなっている現実があるのですから、わが国の行政府として、いますぐに何とかしなくては、国民の安危・日本社会の存亡にもかかわる話です。

そこで「国家安全保障戦略」は、「国際関係において地政学的競争が激化している」リアリティから「最悪の事態をも見据え」、その備えを磐石なものにする意志を宣言します。

じつは米国政府が2022年10月に公表した「国家安全保障戦略」のペーパーの中で、中国を「米国の最も重要な地政学上の挑戦」と位置づけていました。日本政府は、米国政府と密接に、世界の脅威の認識についての見解も摺り合わせていることを、さりげなくにおわせたように見えます。日米の同盟関係は、いよいよ鞏固《きょうこ》であることを、中国政府が感得するように、この文書でも仕向けていると考えられます。

さて、中国は「他国の中国への依存を利用した経済的な威圧」をしてきますし、ロシアは「軍事目的遂行のために軍事的な手段と非軍事的な手段を組み合わせるハイブリッド戦」の手本を示しています。「有事」と「平時」の境目は、ますます曖昧になりそうです。

ですので、わが国としてもむろん、経済の自律性、優位性、不可欠性（日本の技術がなければ他国の産業も困り果ててしまうと思わせるほどの存在価値）の確保をないがせにすることはできません。その

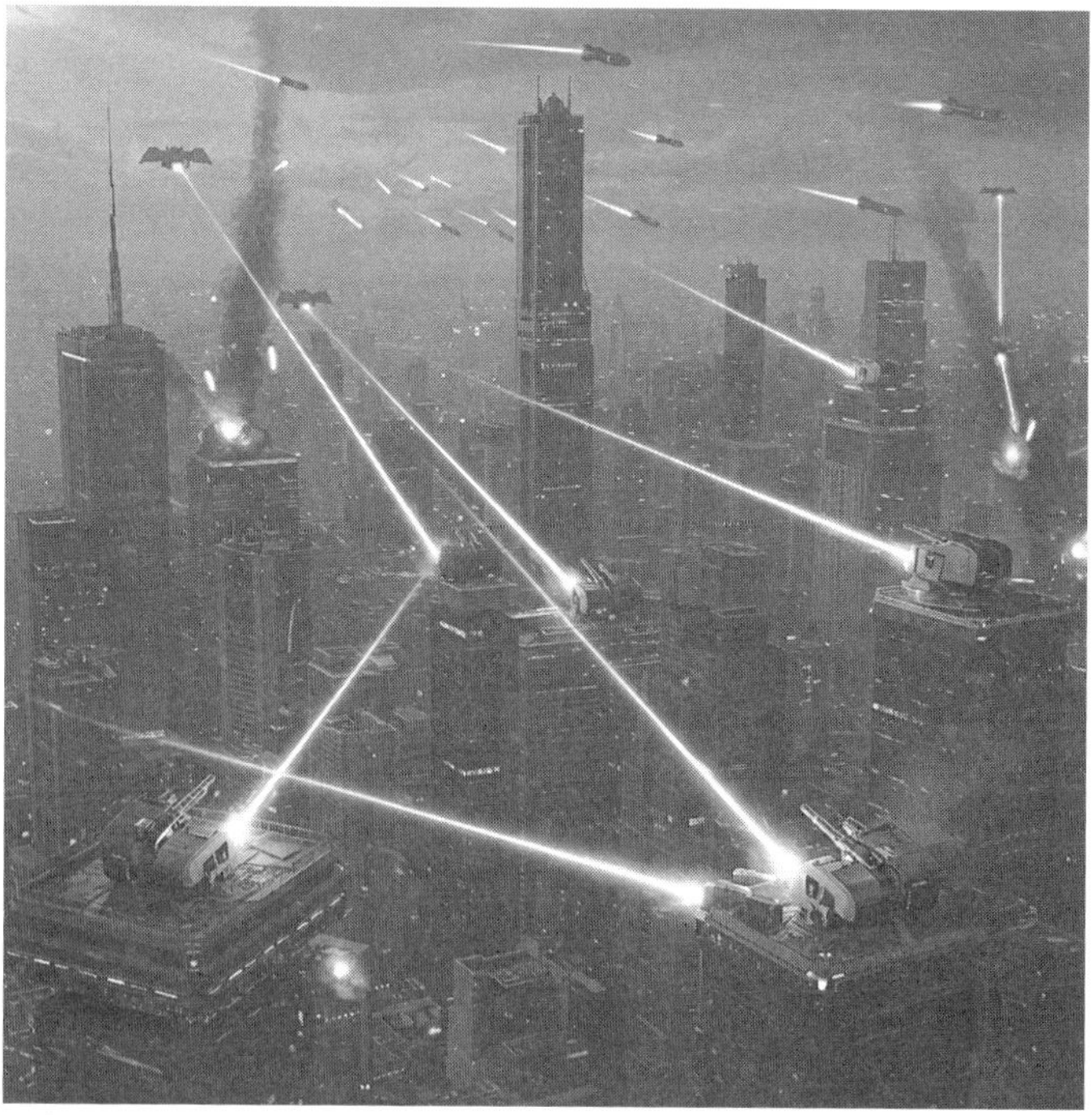

イスラエルのラファエル社は世界で最も早く、レーザー高射砲で国土の低空域を守る「アイアン・ビーム」を量産する。詳細は未詳ながら、それは数百条の、太さが硬貨ほどのビームを、空中標的の１点に集中するコンセプトだという。（イラスト／Y.I. with AI）

ためには、防衛装備移転三原則などの現行制度を見直し――文書では、見直しについて「検討する」とだけ謳っていることには注意が必要です――、安全保障と経済成長の好循環を実現させることもできるでしょう。

　しかし、そうした経済分野までも含めた総合的な国家安全保障の、最終的な担保は、やはり防衛力です。

「防衛力により、我が国に脅威が及ぶことを抑止し、仮に我が国に脅威が及ぶ場合にはこれを阻止し、排除する」ことができて、はじめて政府は国民の負託に応えられることになるでしょう。

戦後、殊に、サンフランシスコ講和条約と《旧日米安保条約》が同日に調印された1951年以来、わが国は、独立した主権国家ではあるのですけれども、先の大戦の反省から、国防のスタイルには一定の自粛をする姿勢を、公的に闡明《せんめい》しています。すなわち、もし共産国軍隊が侵略してきたとしても、その相手国領土上まで日本国の防衛部隊（1950年から52年10月までは「警察予備隊」、54年6月までは「保安隊」、54年7月からは「陸上自衛隊」）が乗り込んでいくことはありません。それをシンプルに表現してきた熟語が《専守防衛》です。

そうしたわが国の戦後のスタンスや、日米両国の「基本的な役割分担」――《自衛隊は「盾」に撤し、「矛」を務めるのは米軍》――は、今後とも変更がないことを、2022年12月の「国家安全保障戦略」でも再確認をしつつも、このたびは、必要最小限度の自衛の措置としての「反撃能力」を、自衛隊としても、あらたに獲得して行くことになりました。

「反撃」オプションの見直しは、これまた当然のことに、日本一国で軽々しく決められる性質の話ではありません。1960年の《新安保条約》以来、わが国の唯一の正式な軍事同盟国でありますアメリカ合衆国政府が、その内容を承認し、そのような自衛隊の新機能に期待をしているからこそ、日本政府の公式指針として、閣議決定ができます。

わが国は2004年から、北朝鮮が保有した核ミサイルに対する国民防護を当初は主に念頭し

すべての国が鉄道を軍需兵站に活用しているが、ロシアや中国や北朝鮮は、列車機動式の地対地弾道ミサイル発射システムを採用している。これら諸国の線路を使えなくするための効率的な「反撃」方法を平時から準備しておくことは、国家安全保障政策担当要路の責任だ。（写真／北朝鮮国営メディア）

て、「ミサイル防衛（ＭＤ）システム」を整備してきました。

が、オーソドックスな放物線弾道の地対地ミサイルでは、このＭＤによって阻止されてしまうのだと察した日本の周辺諸国が、まさに《ＭＤ対策》として、対地攻撃用ミサイルの飛翔速度を高めたり、飛翔コースを多彩に、しかも変則化させたり、移動式の発射プラットフォームを立体的に多様化し、また分散し、加えてミサイルの基数や、一斉に投射できる弾頭数を何倍にも増やして迎撃手段（イージス艦から発射し、大気圏外で敵ミサイルを破壊する迎撃ミサイルと、陸上から発射して大気圏内で敵ミサイルを破壊する地対空ミサイル）を麻痺させようと図るなど、あらゆる工夫を講ずるようになったのです。

かくして従来式の、ひたすらミサイルの飛来を待ち構えて上空での破壊を企図するミサイル防衛の流儀のみでは、早晩、敵国のあたらしいミサイル陣容によってわが迎撃システムも飽和させられ、敵国による日本本土の破壊と殺傷を止めようがなくなってしまうと、日本政府は判断したのでしょう。

そこで、２０２２年12月改訂の「国家安全保障戦略」は、今後は、米軍と協力し、わが国を攻撃するミサイルを発射している敵国領土内の基地やプラットフォームに対しての「反撃」もする「統合防空ミサイル防衛（ＩＡＭＤ）」に移行すると宣言しました。

もしも、中共軍その他が、わが国のミサイル防衛を圧倒するような有力なミサイル攻撃を敢えて催そうと動き始めた場合には、自衛隊は、飛来するミサイルが着弾しないように空中で防ぎつつ、「相手からの更なる武力攻撃を防ぐために、我が国から有効な反撃を相手に加える」こともできるようにします。

それによって、敵国をして対日攻撃用のミサイルを発射させないように強いるのです。

その「反撃能力」は、具体的には、敵国内にある敵軍のミサイル施設などを即座に打撃できる長射程ミサイルなどが考えられるでしょうが、政府はそれらを「スタンド・オフ防衛能力」と概括的に呼ぶようにするつもりのようです。

その「スタンド・オフ防衛能力」が、また、わが国への侵攻を抑止する上でも鍵になるのだ――と、文書は強調しています。

範囲の広い「スタンド・オフ防衛能力」の構築のために必要となる長射程ミサイルの数量は、相当のものとなるはずです。しかしこの文書はそこまでつぶさに語ることはしません。《3文書》の残るふたつ、「国家防衛戦略」と「防衛力整備計画」が、政府の現下におけるより具体的な心積もりを示すはずです。

なお、2022年12月改訂の「国家安全保障戦略」のおしまいの方には、わが国の経済は海外依存度が高いので、有事の際、必要な資金を調達する財政余力があることが極めて重要だ——とも付記されています。これはどういう意味でしょうか。

おそらく、《防衛関連予算の増額の必要があるのは理解しているが、その財源として赤字国債を増発されたら困るよ》——と釘を刺したい、財務省の立場を代弁した注意喚起だと考えていいのでしょう。

第4章　無人機は未来戦争を支配するのか

低速の自爆ドローンや、非ステルスで亜音速の巡航ミサイルをこちらがいくら放っても、中国海軍の軍艦はノー・ダメージ？

2024年1月末に米軍のセントラルコマンド（中東地域担任の統轄司令部）が明らかにしたところでは、23年10月19日以降、米海軍の複数のアーレイバーク級イージス駆逐艦が、紅海とアデン湾にて、イランが黒幕となって兵器弾薬を供給しているイエメンのフーシ派ゲリラが放ってきたドローン68機、ならびに、対艦ミサイル（一部は対艦弾道ミサイル）19発を、迎撃破壊しました。

その迎撃手段は、後述の1つの例外を除きすべて、艦対空ミサイルによってなされ、その距離は米軍艦から8浬以遠であったといいます。使用された対艦ミサイルは基本的に「SM－2（スタンダード2型）」ミサイルだったろうと考えられますが、2024年2月1日のペンタゴンの発表によれば、1月31日にフーシが発射してきた対艦弾道ミサイルを、米駆逐艦『カーニー』が迎撃したときには「SM－6（スタンダード6型）」が使われています。

「SM－2」は1発が200万ドルします。「SM－6」は400万ドルします。

それに対してフーシのドローンやミサイルは、単価が数万ドルから数十万ドルの範囲でしょう。

このような小競り合いは、持続が可能でしょうか？

CBSテレビの調査報道によれば、2023年10月から24年2月半ばまでに、同海域の米艦（複数）は、合計100発以上の「スタンダード・ミサイル」を射耗しています。そのような贅沢な戦争ができるのは、世界じゅうで米海軍しかありません。

軍艦は無尽蔵に対空ミサイルを収蔵しているわけではありません。発射命令が出された艦対空ミサイルがうまく機能してくれないことも、15％以上の確率で起こり得ます。そのため、亜音速の対艦ミサイルが飛んできたら、その艦の側からは、迎撃ミサイルを念を入れて2発、発射するのです。

にもかかわらず、2024年1月30日には、米駆逐艦『グレヴリー』が、CIWS（艦からは独立した照準システムを備え、空中脅威に向けてガトリング砲を全自動で発砲するロボット）によって、フーシの地対艦巡航ミサイルを撃破したと伝えられています。CIWSの交戦距離は1浬未満です。このときは、『グレヴリー』がさいしょに発射しようとした1発もしくは2発の艦対空ミサイルが、飛来する巡航ミサイルを撃破できなかったという可能性が考えられます。

CIWSの弾薬も無尽蔵ではなく、限りがあります。CIWSは、連続して何十機もの目標と交戦する状況は、もともと想定していません。中国軍艦の場合、CIWSの口径は30ミリと比較的に大きいので、持続発射の制約は西側の軍艦以上に大きいでしょう。

レーダー連動の防空戦闘ができる軍艦が収蔵している艦対空ミサイルの総数をはるかに上回る、大量の地対艦ミサイルや自爆型UAVがいちどに殺到してきた場合、その艦隊の防空戦闘は破綻してしまうであろうことを察するのに、なにも高度な数学は必要ありません。今の段階ではフーシは、米艦隊の艦対空ミサイル以上の多数の低速巡航ミサイルを一度に放つことが未だできないでいます。が、果たして中国軍はどうでしょうか?

すでに紹介していますように、元国防長官のロバート・ワーク氏や、彼が関係するシンクタンクCNASが2019年いらい、《米海軍の水上艦隊は台湾有事のさいには「第一列島線」より東側の海面で行動することは不可能である》という見解を維持し続けている理由は、そこにあります。米海軍のイージス・システムですら、異方位・異高度から一斉に殺到する数十発の対艦ミサイルを無難に捌き続けることは不可能だと結論されているのです。

長距離を片道飛行する固定翼無人機から、自律自爆型のクォッドコプターを複数放つことにより、敵軍艦の防空指揮コンピュータに最大に負荷をかけようとする戦法は、経験の浅い新興海軍に対して、有効だろう。（イラスト／Y.I. with AI）

そしてこのシンプルな「算数」は、米・中の立場をいれかえた場合も、さらにまた、対艦ミサイルの飛翔スピードを、亜音速の時速８００㎞ではなく、時速４００㎞以下に落とした場合でもなお、成り立つでしょう。

ところで、過去、本番の「戦場」で幾度となく飛来する航空機やミサイルを撃墜してきていますNATO主要国製の艦対空戦闘システムと異なって、メイドインチャイナの艦載防空システムは、実戦で確かに機能すると証明し得た事例がこれまで一つもありません。

その点はロシア海軍艦艇も同様で、2022年4月14日には、黒海艦隊旗艦の『モスクワ』（1万2000トン）が、2発のウクライナ製の亜音速対艦ミサイル（非ステルス形状）を迎撃してみせられるチャンスを与えられながら、何らの防御反応も示すことなく被弾・沈没してしまった顚末は、とうじ報道された通りです。

中国海軍の艦隊防空システムの出発点は、冷戦末期開発の旧ソ連製。いらい今日まで、中国製の艦隊防空システムがロシア製を凌駕したとか超克したという報道も自慢話も聞きません。

ロシア軍の艦対空ミサイルの多くは地対空ミサイルを転用したもの。両者の技術要素は広範に重なっています。それは中国軍の防空システムにおいても同様だろうと考えられます。

ソ連時代にロシア人はICBMを迎撃できる専用の高高度防空ミサイルを開発・配備し、今も改善努力を継続しています。かたや中国にはいまだにその同格品は存在しません。防空システムに関するロシア人の技術蓄積の厚みは、中国人のそれにまさっていると推測して可《よ》いでしょう。

ポスト冷戦期に、中国はロシアから最新の長射程防空ミサイル「S‐300」を輸入し、それを元にして艦対空ミサイルの「紅旗9」を作り上げています。その後もロシアから「S‐400」を輸入したがったことは秘密ではなく、さらに現在ロシアは、ハイパーソニック弾を迎撃できると謳う「S

-500」を完成させようとしているところですが、中国メーカーからロシア製システムを超える防空システムが提案されたという報道はありません。

近未来の実戦で発揮されるであろう中国海軍の対空戦闘パフォーマンスは、ロシア海軍以上ではあるまいと占うことにも妥当性が認められるでしょう。

米軍は、台湾をめぐって中国軍と開戦した暁には、何を最も優先するつもりだろうか?

およそ海軍の関係者は、敵艦を撃沈することが好きです。海軍軍人にとって、敵艦を沈めるのは、さぞや愉快なことでしょう。

しかし、戦争はレジャースポーツではありません。一国の政府にとり、敵艦を沈めるよりも大事なことがあります。ほかでもない、政治的な目的の達成です。

そもそも米軍がどうして中共軍と戦わなくてはならないのかといえば、「台湾併合」の既成事実を中共政府には作らせない――という大きな政治的な目的が、米国政府にあるためです。米軍はその目的のための手段となって、政府に奉仕する義務を負っています。

米国政府として譲ることのできぬ政治目的を成就させるためには、米軍は、台湾に着上陸した中共軍兵士が、先の大戦中のガダルカナル島の日本兵のように、ひとりのこらず、台湾から逃げ出すか戦死するか捕虜になるようにもっていく必要があります。そうでないと、北京政権による台湾併合という政治的な既成事実がけっきょく、できあがってしまうからです。もしそんな帰結となれば、たとい米軍が海空戦によって中共軍の軍艦をほとんど覆滅させていたとしても、歴史書には「米国は中共との戦争に負けた」と書かれるはずです。

昭和17年の珊瑚海海戦で、日本の大本営は海路によるポートモレスビー攻略を諦めました。これは米国から見れば、海戦ではいささか損失を出したものの、日本の戦争指導部に戦略要地を奪取する決心を初めて翻《ひるがえ》させたことになり、政治的に画期的な勝利でした。台湾をめぐる戦いでは、いやしくも、この逆のパターンに陥ることはゆるされません。たとえば、戦場では常に敵兵をおびただしく殺傷し続けていながら、政治的には南ベトナム領土を征服されて米国の大敗に終わっている「ベトナム戦争」（1975年終結した）は、その最も悪い前例です。

今日、もし、中共軍の特定の艦船を撃沈することが、米国政府の目的の成就のために「安全・安価・有利」な戦術なのであれば、それは採用されます。しかしもし、ある艦船を小破させるだけでもこの目的の達成ができるのならば、米軍として、かならずしもそれらの撃沈にこだわる理由はなくなります。対艦ミサイルなどの破壊殺傷手段が概して不足していると認識されているならば、なおさらです。

ここでも米国の戦略立案家は、先の大戦中の日本の大本営の決心を参考にしています。

中共軍の保有する種々多様な水上艦船のうち、もっかの米国政府の目的のために、撃沈が必要なものはまず何でしょうか。

筆頭対象は航空母艦です。昭和18年2月に日本軍がガダルカナル島から撤収した決心の背景には、昭和17年6月のミッドウェー海戦で日本海軍の主力空母4隻が喪失していることの影響がとても大きかったと、米国の戦略立案家は承知しています。

次に、兵員や武器弾薬を積載した揚陸艦や輸送艦艇です。これを片端から沈めてしまうことにより、敵軍は台湾に上陸できないだけでなく、すでに上陸している兵力に対する需品の追送ができなくなります。昭和17年後半、日本の大本営は、「第2師団」によるガ島総攻撃が9月に失敗したあと、すぐに「第18師団」を送り込もうと考えたのでしたが、輸送船の過半を撃沈破されてしまったために、その企図を引っ込め、むしろガ島から生き残り部隊を総撤収させる方針に、気が変わったのです。

もし、台湾をめぐって米中が交戦状態に入った暁には、米軍（インド・太平洋コマンド）は、中共海軍の空母、強襲揚陸艦（ヘリコプター母艦）、艦隊補給艦（給油艦）などの《必沈リスト》に載っているであろう主要水上艦を確実に海底送りにしてやるために、西太平洋域で使用が可能な高性能空対艦ミサイル（その代表がＬＲＡＳＭです）を《かため射ち》するつもりでしょう。１艦に対して同時に異方向から11発以上が集中される可能性があります。ＬＲＡＳＭはステルス設計である上に、みずからは電波を出さず、ＥＣＭも受けませんので、この集中攻撃から生き残れる軍艦はまずないでしょう。

そのかわりに、前記以外の駆逐艦やフリゲートやコルヴェット、海警船（これも海軍将校からの指揮を受けている以上、軍艦とみなされ、撃沈の対象です）等へは、そこまで執拗なミサイル攻撃は催さないはずです。それらの優先順位が下がるターゲットに対しては、ＬＲＡＭＳほどには最先端の技術を用いていない、昔からある対艦巡航ミサイルを、ほどほどに配当するつもりでしょう。１発の命中では沈没に至らなかった場合は、無理にトドメの攻撃はしないで放置してしまう可能性すらあります。

といいますのは、米軍にとって、撃破の対象となる中共艦船は文字通り無数にあり、一方では対艦ミサイルのような緊要な戦争資源は有限であるため、「使い惜しみ」をして手元にとっておかないと、あとで悔やむことになりかねないからです。

たとえば中共船籍の遠洋漁船は、およそ６５００隻あります。民間の「Ｒｏ・Ｒｏ」船（フェリーや自動車運搬船）は１００隻。駆逐艦以下の軍艦４００隻。高速コンテナ船とタンカーとばら積み船と客船（豪華客船の脱出ボートは特に高性能なので、そのまま上陸作戦用に使える）を数え上げたら、数千隻もあります。これらすべてが、有事には中共海軍の指揮下に入ることが中国の法律では決まっているのです。

日本の政党や公人が、武器輸出を悪いことのように主張することがあるが……？

わが国は1950年代以降、外国から多額の武器を継続的に輸入することにより、かろうじて国の安全を成り立たせてきました。今日でも、その構図に変わりありません。

たとえば領空主権の防衛に不可欠な航空機システムや地対空ミサイル、高射機関砲、領海主権の防衛に不可欠な艦艇のガスタービン・エンジン、領土主権の防衛に意義がある戦車の主砲、砲兵部隊の主力野砲、小さいものでは拳銃までも……。外国製の輸入品であったり、外国メーカーからライセンスを買って国内で生産させてもらっている、そのようなアイテムは、数えきれないのです。

これらの装備体系やその製造技術を、もしも戦後、どの国も日本に対して売ってくれなかったならば、わが国が自国内で、その同格品を研究開発し国産せねばなりませんでした。国防水準維持のための負担は幾十倍にも膨張していた蓋然性があります。

わたしたちは、武器を輸出してくれる国があったおかげで、現に助けられています。

主権国家であるわが国は、わが国と利害をともにする外国に対して武器・弾薬を売ることもできますし、売らないと決めることもできます。もし、わが国が製造した武器・弾薬を特定の外国に売ることにより、わが国民の権力が「安全・安価・有利」に維持または増進されるのなら、それは売るのが合理的な政治でしょう。

現行の日本国憲法の前文に、「われらは、平和を維持し、専制と隷従、圧迫と偏狭を地上から永遠に除去しようと努めてゐる国際社会において、名誉ある地位を占めたいと思ふ」と謳われている精神にも、その政治は沿います。

すぐれた性能の兵器を自由主義陣営のために輸出した国は、世界全体を、安全にするといえます。なぜなら侵略主義諸国にとってそれだけ戦争は不自由になり、その直接的・間接的な恩恵は、不特定多数の国家・国民に及ぶからです。

不当な侵略を受けて難儀している国に対してわが国が武器・弾薬を直接・間接に供給することは、わが国の世界的な評判を高め、それがまた、わが国をも安全にします。

ある国の評判が平時から海外において高く、好感を抱かれていたならば、その国民の権力も高くなると考えられます。ある日、全面的な災厄・危難に直面したとき、諸外国の有権者が「あの国民ならば助ける価値があるから、救ってやれ」と思ってくれるからです。

個人の人気・評判が、その個人の将来の権力にとってプラスに作用するように、国家が海外において博する人気・評判も、その国家国民の将来の権力にとってプラスに作用するでしょう。

罹災地へ届ける救恤機材にもなり、地域の防衛部隊を補強する機材にもなるアイテムには何があるだろうか？

サイドカーは、古くは1893年に仏軍将校のジャン・ベルトーが、自転車にもうひとりの乗客を乗せる新案として試作したのが早く、やがて1903年に英国のW・J・グラハム兄弟が、オートバイ用サイドカーの特許を取ったといいます。

3×1駆動だったのにもかかわらず、サイドカーが、舗装されていない地面を走破する能力は、戦前すでに、相当なものでした。車体が4輪車より軽くて、タイヤの接地圧が小さいおかげでしょう。

第一次大戦中には、敵軍の近傍に墜落してまだ生きている味方の戦闘機パイロットを救出する目的で、英軍が特別あつらえのサイドカーを準備したといいます。

ただ、概して初期の側車の安全性と乗り心地は、悲惨なレベルでした。一般ユーザーにはとてもではないが薦め難かったでしょう。

ソ連時代の古い軍用オートバイに台車状のサイドカーを前線で取り付けたものにウクライナ兵が重火器を載せて泥道を機動している。73mm 無反動砲 SPG-9 は、三脚込みで重さ60kg。弾薬は１発が 5kg 強。（写真／2023 年・ウクライナ軍系 SNS からのキャプチャ）

多くの犠牲と試行錯誤の末、１９１３年に米国のヒューゴー・ヤングが、二輪車本体と側車との結合を適宜に柔軟化する最善解を見いだしました。

ヤングがオハイオ州に設立した「フレキシブル・サイドカー・カンパニー」は、１９２０年代にフォード社の廉価な「モデルＴ」――４×２ながら、田舎の非舗装道を走ることを大前提に考え抜かれた秀逸な大衆車――が普及するまでのつかの間、世界の市場をリードしています。

サイドカーには、四輪車より車幅が小さくて軽量だという捨てがたい長所が残りました。そのゆえに、大衆用にアピールしなくなったあとも、特殊用途車として各国で役立てられています。

たとえば戦前、米国の民営ロードサービスであった「ＡＡＡ」の現業スタッフは、予備燃料やスペアパーツを工具一式とともに積んだサイドカーをひとりで運転して、顧客の自動車が立ち往生している現場に駆けつけていました。

この業務のために、《自動二輪車にトレーラーを牽引させる》というスタイルを選ばなかった事実が、注目に値するでしょう。おそらく、戦場から負傷兵を後送させるサイドカーと同じく、ライダーが運転しながら常時、側車の現況を視野の隅で確認していられるというメリットが、小さくはないのでしょう。

第二次大戦中、ドイツ軍は、おびただしい数のBMWやツェンダップのサイドカーを《全地形走破車》として駆使しています。それが走り回った戦場も、道路インフラが整っていた西欧圏内にはかぎっていません。湿地や悪路の重畳《ちょうじょう》で名高い東欧～ロシアから、北アフリカの砂漠にまで及んでいました。米軍内で「ジープ」が担った前路斥候や連絡・伝令の機能を、独軍においては自動二輪車とサイドカーが果たしたと考えられます。

戦後、西欧諸国が経済成長する過程で、ほとんどすべてのサイドカーは小型四輪自動車でリプレイスされます。にもかかわらずフィリピンでは近年、サイドカー（現地では「トライシクル」と呼びます）の商用タクシーや自走屋台としての利用が全盛です。

2020年時点で、フィリピン式サイドカー型タクシーは300万台もあったそうです。

典型的なタイプは、排気量175ccの公害対策済み4ストローク・エンジン（フィリピン国内の工場で製造されています）を搭載。その燃費はリッター57kmと佳良《かりょう》です。

側車部分に乗客を4人も座らせることができる上、必要ならば、さらに運転者の背後に追加で1人がしがみついて乗ることも可能。これで値段は8万ペソ台といいますから、日本円にして22万円台の感覚でしょうか。2024年に日本で新車の「ホンダ・ハンターカブ125」を買おうとした場合のおよそ半値という、驚くべき好取得性です。

トルクがあり、最大6人分の荷重に耐え、悪路に強く、それにもかかわらず故障知らずで走り続けてくれるランニング・コストの低さから、フィリピン各地の民間のタクシー事業者に愛用されているのも「納得」です。

おそらくはこれこそが、2022年のうちにウクライナへ大量援助されるべきであった、デュアル・ユース（＝そもそも民間用か軍用かを区別できない）且《か》つマルチ・パーパスの「モビリティ」アセットだったでしょう。

援助する側が用途をひとりよがりに限定してしまうことなく、援助された側で、時々刻々の深刻な需要に応じて柔軟・自在に使い方をアジャストできる汎用性《はんようせい》を、これほどイージーに提供できる輸送機械は、そうありません。

自動二輪車は、オートマチック変速機が備わっていない場合は、それを運転するために「クラッチ」の操作に慣れている必要があります。その経験の無い人が走らせようとしても、いきなりはうまくいかず、危険が生じます。このハードルが大きいため自動二輪車は、なまじ馬力や重量があるモデルではなおさらに、援助される側で、ありがた迷惑なアイテムとなってしまいがちです。

ところがそんな自動二輪車も、もし、サイドカー仕立てとなっていてくれたなら、話け変わるのです。すくなくとも転倒負傷の心配が解消するからです。フィリピン式サイドカーは馬力も抑制されていますから、暴走事故の恐れも微少でしょう。

この250ccの偵察用オートバイは、市販モデルだと重さが120kg前後だが、陸自仕様では154kgある。その程度であれば、荒地を押して歩くのにも特に苦しまない。昔のベトナム人が、自転車に200kgの荷物を括りつけて押して歩いた事歴とも整合する。（写真／I.M.）

このような特長のあるフィリピン式のサイドカーは、大規模災害の被災地へ届けられるや、クラッチ式オートバイの経験などまったくない老若男女の住民によって、ただちに、歩行困難者の搬送や、救援物資の配達、瓦礫の片付け等に、フル活用され得るはずです。

もちろん、そこが、不正な侵略を受けているさなかの、戦争被害当事国であったなら、民生品として援助された車両が、その国の防衛組織による自衛活動に利用されることを、誰も非難などしません。

乗客を４人以上も運搬できるサイドカーは、81㎜～82㎜クラスの迫撃砲（その１門の重さは成人１名の体重以下です）や、射程が10㎞前後、弾重が66㎏ある１２２㎜径の地対地ロケット弾を単射できる簡易発射台（ロシア軍制式のものだと一式55㎏です）や、歩兵携行用の各種の戦術ミサイルやＵＡＶ

フィリピン各地で見かける、現地改造のサイドカー。車両が道路の右側を走行する関係で、側車や屋台は、単車の右側にとりつけられる。単車のブランドはさまざまながらも、200cc未満の車格が多い。この形状では高速で走ろうとしても無理で、またそれが好ましいだろう。（写真／H28FanSite）

を機動的に展開させたり、糧食や需品、さまざまな種類の弾薬を絶え間なく補給してやることができるでしょう。

対人地雷だらけの土地から負傷者を後退させるのにも、そのまま役に立ってくれるはずです。

120㎜迫撃砲は、非常に重いので、1台のサイドカーに載せるのは無理ですが、砲身やベースプレートなど3つのパーツにバラし、弾薬や観測機と合わせて5台以上のサイドカーで陣地を転々とすることは可能です。

今日の戦場で、古めかしい「サイドカー」のような車両に、アドバンテージはあるのだろうか？

あります。

フィリピンは暑い国です。そのためしばしば、トライシクルの側車部分やバイク本体には「日除け屋根」をさしかけるカスタムが施されています。たとえばそれをウクライナの最前線で夜間に運用すると、バイクのエンジンからの熱輻射が、侵略軍の飛ばす偵察用UAVのサーマルカメラによって検知されにくくなるでしょう。

今日の戦場では、敵UAVの目につかないことが、サバイバビリティの第一の要諦になっています。サイドカーは昼間でも四輪車より目立たないという長所があり、それに加えて夜間の熱的なステルス性も期待できるのです。

また、攻撃型や自爆型のドローンが最前線を四六時中カバーしている今日の戦場環境では、車両装備はどれほどアーマーを周到化しても、やられるときにはあっさりと破壊されてしまうと覚悟しておくべきです。けれども1台が22万円で量産できるものならば、破壊された何倍もの追加支援をしてやるのに、西側諸国は苦労しません。

参考までに、第二次大戦中に米国はソ連軍のために、トラック38万5883台、ジープ5万1503台、オートバイ3万5170台、砲兵牽引車5071両、鉄道機関車1981両を、飛行機1万4834機などとともに、惜しげもなく援助しています（宮崎正直著『研修所資料　別冊第13号　空軍力の特質』1954年刊）。

今日、西側諸国のGDPはロシアを圧倒しているので、短期間に数百万台のフィリピン型サイドカーを援助することも困難ではないでしょう。

全地球のGDPを105兆ドルくらいと見ると、NATO加盟諸国のGDP合計はその半分であるのに対し、ロシアは、ウクライナ戦争開始前（すなわち天然ガスをEUに輸出できていた当時）でも、世界GDPの2％を占めていたにすぎないのです。

自由主義陣営の民間工場から、即座に湯水のように供給される100万台のサイドカーは、それだけでも最前線の「圧力図」を根本から変えてしまうでしょう。いつ戦力化するかもわからない重戦車やジェット戦闘機にこだわるから、戦線が膠着したのです。

2023年6月28日のロイター報によれば、ロシア側の固定翼のロイタリングミュニションの主力

敵から空爆され難いようにショッピングモール内の秘密工場で組み立てられているという、露軍の「ランセット」ロイタリング・ミュニション。(写真/2024年・Rossiya 1 TV channel)

米海兵隊がイスラエルの「UVision」社から購入しているロイタリング・ミュニションの「HERO-400」。「ランセット」とのレイアウトの類似は明らかだ。(写真/2022年・USMC)

アイテムである「ランセット」は1機が300万ルーブル（約3万5000ドル）すると見積もられています。それに対して、フィリピン型サイドカーを6台あつめたとしても1万ドルにはなりますまい。

整備や教育訓練の手間もかからない《フィリピン型サイドカー》は、貰った当日から即戦力とな

ハマスの地下工場製のロケット弾は、援助品の水道管や工務店に普通にある鋼材を溶接し、密輸された推薬と爆薬を充填して仕上げられる。精度などまるで無いが、無尽蔵に使い捨てることができる。中東のテロリストにできることを、なぜかウクライナ人達はできない。（写真／Wikimedia Commons）

フィンランド軍は、雪上輸送車としてスウェーデン設計の連結型装軌式全地形車「BV206 D6N」を、スノーモビルとしてカナダと共同生産の「Lynx GLX5900」を、オートバイとしてヤマハの「WR250R」を使っている。連結型装軌車は夏も使えるから、夏用と冬用に異なった車両を保持する「二重装備」の負担を合理化できる。しかしさすがに、夏冬兼用のスノーモビルや自動二輪車は存在しないのだ。（写真／フィンランド軍）

り、さらに追加で援助されればされるほど、貰った国の防備の穴を細かいところから塞いでくれ、最前線での抵抗力をシームレスに増強して行くでしょう。

戦車などの高性能で複雑なシステムとは異なって、サイドカーの運用や維持のためには、なんら特別な支援組織は必要ではありません。前線に必要な貴重なマンパワーを後方支援業務のためにごっそりと吸引されて第一線の兵員密度がスカスカになってしまうという、ロシア軍や中共軍相手の戦争では殊に危険な本末転倒とも、無縁なのです。

サイドカーで運搬できる81㎜級迫撃砲や、弾頭にクラスター子弾や地雷を詰め込んだ１２２㎜級の短射程の地対地ロケット弾を操作するのにも、サイドカーの運転と同様に、長期の教育訓練は必要がありません。それゆえ、貰えば貰っただけ、味方陣地の抵抗力は靭強化《じんきょうか》され、侵略者の軍隊に損耗を強いるでしょう。

これとは逆の愚かしい失策を、わたしたちは目にしています。ウクライナ政府の子供じみた熱烈要求を無視できなくて、２０２３年にウクライナ軍へ供与された、ドイツ製の「レオパルト２」戦車や、米国製の「Ｍ１エイブラムズ」戦車は、援助した側とされた側双方の、貴重なカネや人や時間を徒費させ、その訓練にモタついているうちに敵が時間を得て敷設しおえた地雷原と障碍帯により、南部戦線での23年夏の「反転攻勢」とやらはあっけなく頓挫しました。東部のドンバス戦線では、24年を通じて、ウクライナ軍の兵員と砲弾の不足が、ロシア軍の前進をゆるしました。

マンパワーを前線から後方に多く移転させ、砲弾補給の優先度を下げてしまうような軍事援助は、自殺的援助でしかなかったのです。

西側製の主力戦車1両（「レオパルト2」だとだいたい7億円くらいです）の代わりに、フィリピン

2023年6月初旬、ザポリッジア戦線で初めて喪失したとされるウクライナ軍の「レオパルト2A6」戦車。周辺には「M2A2ブラドリー」歩兵戦闘車も見える。まず地雷で1両が破損し、それを救援しようとしているところへロシア軍の野砲弾が集中雨下し、全車が行動不能に陥ったようだ。（写真／ロシア系のSNSより）

2024年3月に、M1A1エイブラムズ戦車が破壊されたという、その写真。擱座した味方戦車を戦場から回収しようとすれば、その回収チームの車両に敵の自爆ドローンが殺到するため、けっきょく損害が倍化するだけらしい。（写真／ウクライナ系のSNSより）

型サイドカーだったら3100台以上も、提供することができたでしょう。西側製戦車を数十両も寄付するのなら、フィリピン型サイドカーは数万台〜十数万台も寄贈できます。果たしてどちらが、延々1000kmもある「前線」の隙を埋める役に立ち、守備兵力の数的な不足を補い、すべての地点で侵略者を押し返してやることにつながったでしょうか？

西側先進国軍隊が使っている一線級の高性能戦車は、手動装塡式ならば1両に4名が乗組みます。が、戦車は乗員だけで機能するウェポン・システムとは違うのです。小学生レベルの軍事知識しか持たない残念な政治家たちには、ここがわからないようです。主力戦車1両を稼働させるためにも、数百人規模のよく教育された整備部隊が後方に常時控えている必要があり、加えて、乗員の4名にも何年間もの継続的な訓練が不可欠です。また部隊指揮官にも、友軍の他部隊との合同連繫要領を会得していてもらわなければなりませんが、その教育は戦時にはできません。なぜなら、味方の歩兵や砲兵を最前線から引き抜き、何カ月も準備をさせて合同演習をさせている余裕など、自国が隣の大国から侵略されているさなかに、あるわけないからです。

つまり、戦車のような面倒な兵器を、ウクライナのような国防態勢に穴だらけの国が贈与されたところで、当座、戦力増強にならぬばかりか、ぎゃくに最前線の防備を手薄にしてしまうのがオチなのです。ロシアのように兵員数の多さを恃《たの》みにして攻めかかってくる敵と戦争中の国にとって、それは大きなリスクでしょう。

素人兵しかいない最前線の防備を一瞬も手薄にさせることがない、最良の援助装備は、短射程の迫撃砲や地対地ロケット弾です。観測用の安価なドローンと組み合わせることによって、それらのローテク火力も、機械化された敵の大軍にも有効なダメージを与えられることが実証されています。そうした簡易な短射程の重火器を機動展開させ、弾薬をとぎれなく補給してやるのに役立つ最も安価なモビリティ・アイテムが、サイドカーだと思われます。

デュアルユース品であるサイドカーは、戦争が終わったなら、民間の運送業務に転用されて、国土の復興をサポートできます。フィリピンの人々がしているように、「屋台」商売用に転用したっていいのです。戦車と違い、まったく無駄にはなりません。

少子化のこれから、「人的潜在力」をどのように活用することが、人々を安全にする道だろうか?

先の大戦の後半、すなわち昭和17年末から20年夏にかけて、わが国の政府は、1機でも多くの軍用飛行機を製造しようとして、日本本土内の工業資源をほとんど総動員したものです。

搭乗パイロットも足らぬため、18歳の少年や、20歳前後の大学生も、すすんで速成の操縦要員となることが勧奨されました。

なぜ、そこまでして飛行機にこだわったのかといえば、広大な太平洋の戦場スケールでは、航空機にまさる機動的にして長距離の攻撃力を発揮してくれるユニットは、他に求め得なかったからです。たった1人のパイロットが操る航空機が投射できる破壊力は、他の兵器システムと比べて卓越しているように思われ、そこに、国を挙げて期待することが合理的だとみなされました。

当時の飛行機は、今よりも少ない人数で製造でき、少ない人数でメンテナンスができました。地対空ミサイルは未だ実用段階になく、多くの参戦国の人口は増え続けていました。何もかもが有人戦闘機や爆撃機に有利だったと言えます。

昭和20年に、有人飛行機による衝突自爆戦法を日本軍が大々的に採用した判断も、その時代限りのそんな事情が反映されていたのです。

今日では事情は様変わりしています。ウクライナ戦線では、ロシア軍の有人航空機が大胆に横行できたのは束の間で、今ではロシア軍パイロットはウクライナ軍が受領している西側製の地対空ミサイルを怖れ、めったに前線へ近づきません。

現代の軍用航空機は、製造コストも、パイロット育成コストも、戦力としての維持コストも往年とは桁違いで、それゆえ、1機を喪失したときの痛手が大きい。そのくせに、陸戦を左右できるほどの決定的な威力は必ずしも発揮してはくれなくなっています。

シリアに派遣されていたロシア空軍部隊が、反政府勢力の地対空火器をほとんど気にしないで地上を空爆していながら、アサド政権の支配地はいっこうに元通りに拡がらなかったのも、今日の航空戦力の限界を物語るかのようです。

2022年2月24日以降のウクライナ戦線では、陸上の「戦車」についても類似の現象が観察されています。

ロシア軍、ウクライナ軍のどちらであっても、戦車や装甲車で敵陣地に向かって本格的な攻勢をかければ、対戦車地雷の炸裂、対戦車ロケット弾、対戦車ミサイル、爆撃型ドローンや自爆型ドローンの直撃、さらには正確な野砲弾や迫撃砲弾の至近爆発によって、またたくまに味方の遺棄車両の山が築かれてしまうのです。

それら戦車には、第二次大戦中の戦車の何倍ものコストがかかっているのにもかかわらず、たとえばスウェーデン製の個人携行型対戦車ロケット発射筒である「カールグスタフM4」から撃ち出す、1発が3000ドルもしない弾頭によっても、擱坐・炎上させられてしまいます。

地雷に至っては、1個が数十ドルで無尽蔵に量産されていて、時間とともに、それが前線の地面を埋め尽くす結果、せっかく不整地踏破力が備わっているのに、前の車両が無事に通過した農道の上だけに、味方の戦車部隊が蝟集《いしゅう》して、そこを敵の野砲によって遠くから一方的に叩かれて全滅するという奇観をすら生じています。

今日、戦車1両を最前線で活動させるだけでも、訓練費用、燃料代、交換部品代のほか、常時数十名の後方支援組織が必要で、またその1両を工場で製造するために投入される「マン・アワー」の総量も、第二次大戦中の戦車の比ではありません。ウクライナ戦線では、その高コストの戦車のパフォーマンスが、この程度でしかなくなりました。

特にウクライナ軍側は、総人口がロシアの三分一にも足りないという不利な立場なのですから、稀少な人的資源を、成績不振な部署に手厚く配している余裕は無いはずです。今次ウクライナ戦争が長引いている原因のひとつは、ウクライナの戦争指導部の、人的資源配分の誤謬《ごびゅう》にあるでしょう。

旧ソ連系の対戦車地雷である「TM-62」は、全重10kg、充塡炸薬7kgで、その衝撃波は155mm砲弾の炸裂に匹敵する。ウクライナ軍はこれをマルチコプターから投下する爆弾に改造している。ロシア軍はこれを固定翼の「モルニヤ」無人自爆機に無理やり搭載し、ビルの中層窓からカタパルト発射しているという。(写真／2022年・Ukrainian Military TV)

代わって、全天候環境の比較的に近距離の交戦においては「迫撃砲」が、また、悪天候ではない時節のそれ以遠の交戦においては、各種のドローンが、補給と運用に必要な人数に比して、大活躍中です。

２０２３年、ウクライナ軍の1個歩兵旅団は、常に１０００機の自爆型リモコン・ドローンを擁し、そのなかの１つのリモコン・チームが毎日15機ずつを消耗するようになりました（ウクライナ軍の広報ウェブサイト「Defense Express」の２０２３年11月30日記事「What's the Chance That FPV Drones Can Replace Mortars on the Battlefield in Ukraine」による）。またウクライナ国防省は、２０２４年10月31日に、同年1月から10月にかけてウクライナ国内で１２８万機の無人機が製造されており、年末までにそれにプラスして36万６９４０機が納品される予定だと公表しています。

放たれた無人機すべてが戦果をあげることはありません。が、「マン・アワー」の活用効率の観点から、生産現場でも補給部門でも訓練施設でも最前線でも、それ以上に省力的に、間合いをとっている敵を積極的に捕捉して撃滅できる手段はないので、今後ますます、攻撃型無人機の戦力には、たくさんの諸資源が配当される未来が、ハッキリと予想されています。

しぜん、それと入れ替わるようにして、旧来の有人戦車や有人の対戦車へリコプターなどは、ユニット数を減らして行くでしょう。トータルで、人材の無駄遣いだからです。

人口構成が高年齢化している、すべての工業先進諸国にとり、これは「他山の石」だと言えます。米国製の対戦車ミサイル「ジャヴェリン」は、それを発射する誘導装置が1基2億7000万円。ミサイル本体は1発2300万円します。こういう装備を無料で与えられたウクライナ兵は、射点から4km以内に、動いている敵戦車が現れないときは、高額なミサイルを、トラックだとか、すでに遺棄されている装甲車のような、価値の低い標的に向けて無闇に発射し、濫費してしまいます。さしもの米国でも、高コストなミサイルを湯水のように補給してやることはできません。

自爆型のドローンであれば、1機は数十万円から数百万円。リモコン装置は市販品です。それで、5km以上離れた敵戦車を、数十分の時間をかけて上空から捜索し、発見しだいに攻撃・破壊できるのです。

今後の各国軍が注力する装備は何なのか。それを占うのに、水晶玉は要りません。最新戦場の現実を注目しましょう。

迫撃砲は、濃霧、降雪などの、リモコンが必要な攻撃型ドローンを機能させにくい天象時にも、対峙する敵軍に着実にダメージを与えることができて、しかも、その製造と訓練には、人手も時間もあまりかけずに済むという、一大長所を有しています。

軍隊教練をそれまでまったく受けたことのない市井人を、一定のスキルの歩兵や戦車兵、あるいは

実戦は考察データの宝庫だ。このイラストのような、小部隊用の偵察・観測用の有線式マルチコプターは、ウクライナ戦線のユーザーから特に賞讃されておらず、したがって配備も稀で、増産は促されていない。要するに、役に立たぬと分かった。（イラスト／Y.I. with AI）

長距離火砲の砲兵に育てるには、たいへんな教育時間が必要です。ところが、射程の短い、口径120㎜以下の迫撃砲の操作員は、ごく短期の教育でも速成ができる。それでありながら、無人機による着弾観測と併用すれば、敵軍の主力戦車を5km以上遠くから破壊することも可能になりますので、習熟にともなうパフォーマンスの「のびしろ」は大きい。

後知恵では、ウクライ

ナ政府は、人手と時間ばかりを喰ってしまう西側先進国製の戦車の供与などを求めるのではなくて、こうした、人手を無駄にしない、即戦力となる装備の充実の手助けを、最初から積極的に、乞うべきだったでしょう。

戦車はドローンの前に価値を失っただろうか?

2022年4月20日に、わが国の財務省が「財政制度等審議会」の分科会を開催したそうです。そこで配布された防衛関連資料の中に――陸自の10式戦車が単価14億円、16式機動戦闘車が7億円なのに、ウクライナ戦争でその有効性を証明しつつある米国製対戦車ミサイル「ジャベリン」の発射ユニットは2億7000万円、ミサイルの単価は2300万円だ――と例示されていたことが、現代において戦車を支持したい人々をいたく刺激したようでした。

同年の2月24日、とりまきのFSB(旧KGB)におだてられていたロシアの独裁者ウラジミール・プーチンが、隣国ウクライナの全土占領を企図して大規模軍事侵攻を発起しています。彼は本気で、3日もあれば首都キーウを占領できると考えたらしく、ロシア軍の機甲部隊は作戦開始からちょうど4日目にして燃料が尽き、長い道路上で立往生しているのが、衛星写真で認められました。その後、西側諸国が情報解析を進めた結果、4月4日までには、当該方面のロシア軍の戦車は確かに全滅していたと知れ渡ります。

ただし、財務省も間違っていました。今日、1機あたり500ドルから700ドルで製造されている自爆型ドローンが、有人戦車のみならず、対戦車ミサイルすらも、過去の遺物に変えつつあるからです。さすがに、こうなることを予測できた専門家は、世界のどこにもいません。

まず市販のDJI製クォッドコプターが「爆撃機」に改造された

ウクライナ軍は、軽量な爆発物を投下できるように改造した市販品のクォッドコプターを、2022年2月下旬から、散発的に使い始めています。燃料切れで遺棄された旧ソ連製戦車のハッチから、30ミリの擲弾《てきだん》改造爆弾を投入しただけで、車内には火災が拡がり、残存弾薬が誘爆するようでした。

けれども当初、外国人ウォッチャーが関心をもって眺めていましたのは、2020年のナゴルノカラバフ紛争でロシア製の戦車を185両も破壊したと伝えられていたトルコ製の無人攻撃機「TB2」が、今回はウクライナ軍の手で操られて大暴れするかどうか——でした。果たして24年の5月12日までには、このクラスの無人機では、先進国のSAM（地対空ミサイル）の前には好餌でしかないという《新現実》がわかってきました。

その代わりに、SAMでは狙いようのないハンディ・サイズのクォッドコプターが、AFV（装甲された戦闘車両）の最大の敵であるという、予想していなかったもうひとつの《新現実》が、浮上してくるのです。

2022年6月にはロシア軍は、AFVによる機動戦に期待するのはやめてしまい、砲兵の圧倒的な火力でじりじりと前進する戦法に拍車をかけたようでした。ドンバスではロシア軍は1日に6万発の砲弾とロケット弾を発射していると報道されました。

ロシア軍は、数門の旧式な自走砲や迫撃砲を中核にして、戦車や歩兵をその護衛役に配したユニットを多数こしらえて、戦闘の中軸をあくまで火砲の火力（砲弾の投射量）に頼ることにします。それこそが、練度が低くて人数の多い工業国軍隊にとっては、合理的な「解」でした。ロシア軍の幕僚たちにはそこがよくわかっていました。

彼らは、野砲弾が年内にも足らなくなるであろうことも見越し、「T‐62」のような古い戦車をモーター・プールから引っ張り出させて、それを「移動加農砲」として活用させる措置も、2022年5月から講じています。

参考までに、2016年に西側で作成されている「EXPLOSIVE WEAPON EFFECTS」という資料を見ておきましょう。ロシア製の152ミリ榴弾には炸薬が7・8kg、米国製の155ミリ砲弾（M7

95）には炸薬が10・79kg、「T‐62」の115ミリ戦車砲から発射する対人榴弾には炸薬が3・13kg、「T‐72」の125ミリ戦車砲弾の榴弾には炸薬が3・4kg、それぞれ充填されています。

旧式戦車は、移動砲台として役に立つ

ロシアでは、古い戦車用の砲弾が後方の弾薬庫に山のようにストックされている、というところが重要でした。死蔵されていたおびただしい古い砲弾を最前線の戦力に転換するために、古い戦車を復活させるという合理主義を、ロシア軍上層はすぐに打ち出したのです。

それに対してゼレンスキーら、ウクライナの戦争指導部には、《国家存亡の非常時には、有限の人的資源や時間資源を砲兵に集中することが、どうして正解なのか》が理解できておらず、「F‐16戦闘機をくれ」だとか「M1戦車をくれ」だとか、小学生のような要求を西側に向けてしつこく叫び、貴重な時間も人命もみずから失い続ける道を選択します。

彼らは開戦後、まず何をするべきだったでしょうか？　ただちに、簡易な工場設備でも量産が可能な短射程のロケット弾、迫撃砲と迫撃砲弾、それを運搬する改造サイドカー、ドローンから投下できる軽量のテルミット弾、そしてできるだけ遠くの戦争インフラを攻撃できる自爆型無人機の製造に、

銃後の総力を動員するべきでした。

都市住民には自力で地下トンネルを掘らせることも大事です。それによって、日頃はバラバラな人生を送っている都市住民が、同憂の社会集団として体験を共有して団結できるからです。大袈裟に言えば、「国民」を創生し得るのです。

しかしゼレンスキーらは、西側諸国から高性能兵器をタダで貰えるとあてにして、必要な工業動員も勤労奉仕もさせていません。

いかなる外国も、ウクライナ領からモスクワを直接攻撃できるような巡航ミサイルを、用途に制限もつけずに気前よく援助してくれることなどない――という常識が、彼らにはわからなかったようです。そのような戦略報復手段は、自国内で自前の努力で、有事になる前から整備をしておかなかったなら、誰も恵んではくれぬものです。

そもそもウクライナの軍人・文官も、西側の軍人・文官も、数に余裕がありません。その余裕のない人材を、慣熟するだけでも1年かかり、部隊として機能させるにはさらに1年以上かかるのが常識であるハイテク装備の授受のために割いてしまえば、もっと役に立ったはずのシンプルな火砲や砲弾や輸送車両や土工重機の徹底蒐集《しゅうしゅう》と移転と戦力化のための作業は勢いあとまわしとならざるを得ず、ウクライナ軍の抵抗力の補強が不必要に停滞させせられてしまうのは、道理でしょう。

じつはそれらこそが、戦車や戦闘機とは異なり、前線まで届けられればただちに、威力を発揮してくれるありがたいアイテムなのですが、軍事素養を欠いたウクライナ指導部の脳内には、何か違う優先順位があったようです。

精兵の数が足りない国家は、ひたすら砲兵を強化すべし

ナポレオン戦争直後の19世紀はじめにクラウゼヴィッツは総括していました。国家の存廃を賭した長期の本格戦争中に、「騎兵」（今日の機甲）や「歩兵」を一から教練するなどという余裕は、ありえないのです。ゆえに、そのようなときに国家は、専ら砲兵に資源をつぎこむのが正しいのです。なぜなら砲兵だけは、訓練がいかほど粗略な速成式であろうとも、投入した物的・人的資源に比例した結果を、しっかりと出してくれるものだからです。

クラウゼヴィッツが生きた時代と、やや勝手が違っていますのは、現代では、射程が視界外まで長く伸びている砲兵の観測や偵察のために、高度1000m以上に長時間滞空できる無人機（ロシア軍であれば固定翼の「オルラン-10」）が不可欠だという、もうひとつの《新現実》でしょう。

「オルラン-10」がウクライナ軍のMANPADS（歩兵携行型の対空ミサイル。ポーランドが良い製品を供給していた）で撃墜されてしまいますと、大砲のタマは、てきめんに当たらなくなってしまう

「オルラン-10」を射出するカタパルトは、滑車で巻いたゴム・ワイヤーを利用する仕組みのようである。（写真／2022年・ロシア国防省）

ことが、最前線で確認されています。じつは、戦車砲を野砲代わりに使って間接射撃させるさいにも、頼りにできるのは、ドローンを使った弾着修正なのでした。

２０２２年7月までは、両軍ともに、軽量級のクォッドコプターを、惜しみながら大切に使っていました。しかし8月になると、態度は変わってきます。ドローンは、大量補給し、使い捨てるつもりで大量に消費するしかない――と考えられるようになったのです。これまた《新現実》でした。

9月には、ウクライナ軍が、ドローンを使って初めて、まだ敵の乗員が放棄していない戦車を仕留めることに成功したと、後日になって証言がなされています。

9月下旬からロシア軍は、イランから購入した固定翼の片道自爆機「シャヘド１３６」と「シャヘド

131」を実戦使用し始めました。巡航ミサイルの数十分の一のコストで、巡航ミサイルに準ずる破壊力を遠くまでもたらしてくれる新兵器が、大々的に投入される時代が、ここに開幕しました。

「シャヘド136」は巡航速度が150km／時くらいです。高額な地対空ミサイルを使えば、撃墜することは難しくはありません。しかし、無人機を1機撃墜するためのミサイルが、無人機の数十倍～数百倍のコストだったら、どうでしょうか？

早くも第一次大戦中から明白な戦理が把握されているのです。航空作戦では、攻撃をかける側がどうしても有利。こちらから空襲をし返さないで、本土上空を守ってばかりいたなら、持続することはできません。

長距離片道自爆機の成功作「シャヘド136」

ウクライナは2022年10月には「シャヘド136」のほぼ無傷な墜落機体を手に入れました。ゼレンスキーは、ただちにその模倣兵器を製造するよう、国内の航空工業に発破をかけるべきだったでしょう。イランに製造できている機体やエンジンが、冷戦中から航空産業の基盤のあるウクライナに製造できないはずはないのです。しかし、なぜか彼らはそれをしていません。漫然と、他国から高性能ミサイルが供与されるのを期待していたようでした。そして、あとになって、「HIMARSをくれ」だとか「ATACMSをくれ」だとか「その数が少ない」だとか「攻撃目標は好きに選ばせろ」などと、悪戦が長引いている責任を米欧諸国になすりつけるが如きクレームを連呼するのです。

「シャヘド 136」の射出実験シーン。下側の「棚」にある機体から順番に、まず補助ロケットによって離昇させ、燃焼し切ったロケットを投棄した後は、尾部のガソリン・エンジンが回すプッシャー・プロペラにより巡航を続ける。(写真／2021 年のイラン国営メディア)

「シャヘド 136」はトラックの荷台コンテナに５機を重ねて格納し、荷台を傾けて、１機ずつ射出する。コンテナ底面は補助ロケットの噴気を透過させるべく、骨組みだけである。(写真／2021 年のイラン国営メディア)

2014年からロシアの侵略に直面しているウクライナには、イラン並みの長距離攻撃兵器を開発するだけの時間は十分に与えられていました。その自助努力さえあれば、2022年2月にロシア軍がキーウ市を空襲したお返しに、即座にモスクワを空襲する決定も思いのままだったはずです。それならば国家主権の範疇《はんちゅう》ですので、誰も文句は言いません。

2022年12月初旬、ロシア軍は、対戦車ミサイルよりも安価に量産ができる「対戦車自爆ドローン」として、クォッドコプターに重さ1kgの対戦車弾頭を縛り付けて、機体から分離することなく、そのまま衝突せしめる流儀を採用したと報じられました。

12月27日、ロシア軍が虎の子にしている最新鋭の主力戦車「T-90M」に、ウクライナ軍がマルチコプターから投下した「PKG-3」という年代物の対戦車手榴弾（HEAT炸薬500グラム弱）を改造した爆弾が、砲塔の天板表面で炸裂しただけで、内部弾薬に火を着けて全損させることがふつうに可能らしいと、閲覧者が信じ得るビデオ証拠が出てきます。

2023年1月になりますと、対戦車ミサイル（ATGM）の出番は、めっきり減ります。戦線が膠着すれば、ATGMの発射機会はめったになくなるのです。そして規律のいいかげんな軍隊は、そんなときに、つい無価値な目標に向け、高額な対戦車兵器を、無駄撃ちしてしまうのです。

代わってウクライナが自製したのが、5km前後も遠くまで飛んでくれるクォッドコプターに、横向きに対戦車手榴弾（RKG-3）の弾頭部を縛り付けて、FPV（ファースト・パーソンズ・ヴュー）

操縦で敵戦車にぶつける、手作り兵器でした。自国内で苦労して製造されたとわかっている兵器を運用する部隊は、それを無駄には使いません。

3月4日にロシア・メディアは、ベルゴロドにある石油貯蔵施設が、1機の長距離型の自爆無人機によって攻撃を受けたことを伝えました。

ロシアが内製化した「シャヘド136」の残骸。2024年12月に襲来して撃墜されたもので、エンジンや弾頭は脱落している。製作コストは5万ドルくらいではないかと推定されている。（写真／ウクライナ国防省）

今次ウクライナ戦役は、長期戦化とともに《核を使わぬ国家総力戦》の様相を呈して参りましたので、ロシア政府がその歳入の柱として大いにたのんでいる石油・ガス産業を、ウクライナ軍がどうやって破壊するだろうか——と、世界は注視していました。

石油・ガス類の採掘、精製、輸出、国内配送が滞れば、ロシア政府は外貨（＝戦費）を得られなくなるばかりか、民生経済を支える物流、さらには軍隊の維持に不可欠の各種車両の燃料コストが高騰して、ロシア国家指導部による継戦方針の先行きを、誰の目にも暗くするはずです。

２０２３年４月８日、両軍ともに、野砲弾の不足をかこっている実情が報道されています。ウクライナ軍は、西側から貰った１５５ミリ砲弾を、もう百万発近くも、射ち尽くしてしまったようでした。

ＵＡＶを安く量産できない国は敗ける

２０２３年５月４日、ウクライナ軍が１機のロシア軍の固定翼ドローンを撃墜したところ、それは「全木製」だった――と、翌日に報道されています。モーター・ハンググライダー用と思われる小型のレシプロ・エンジンを串形に双発に配置し、市場で調達されたカメラなどを搭載した、偵察任務機でした。

《安く大量にドローンを生産する競争》が、始まっていました。意図的に混用して行くことで敵の防空アセットを飽和させ、味方の攻撃の主役たる巡航ミサイルの被撃墜率を下げ、あるいは敵に高額なＳＡＭを無駄射ちさせてやるのに、それは有益なはずでした。

５月の時点で、ウクライナ軍は、ロシア軍の濃密なＥＣＭ（電子妨害）のため、毎月１万機のペースでドローンを墜落させられています（英国シンクタンクの推定）。

2024年末からロシア軍は「モルニヤ」と称するチープな固定翼のFPVドローンを前線に持ち出している。RPG弾頭を搭載して、レンジは40kmに達する。電装品は中国製。コスト圧縮努力の見本だ。（写真／2025年・ロシア軍系SNSからのキャプチャ）

高度数百mを飛んでいる偵察用の無人機には、地上からの妨害電波はさほど影響が及ばないのですが、襲撃用のドローンが高度を下げますと、てきめんに敵の妨害電波は濃密となり、GPS信号を正しく受信できなくなったり、画像が乱れ、リモコン信号が途切れたりするわけです。さなきだに、低空では、ちょっとした地形や地物の影にドローン機体が入っただけでも、数km離れた地上局との無線リンクが切れてしまいがちでした。

この対策として、ウクライナ軍は、偵察機を兼ねたマルチコプターによって吊り上げた姿で、敵軍上空まで固定翼自爆機（弾頭は82㎜の迫撃砲弾を流用）を運び、好い目標が発見できたときだけ、空中からそれをリリースしてやるというシステムの開発に、5月から着手します。この流儀であれば、電子妨害が及びにくい高空でマルチコプターが「無線中継局」

の機能も果たせますし、固定翼機がダイブするときには「行き脚」がついていますから、標的の直前で濃厚なECMのためにリモコン信号が遮断されたとしても、そのまま標的にヒットしてくれるかもしれません。このコンセプトは有望なように思えたのでしたが、2025年2月現在、実現していません。

とはいえ、攻撃用の無人機を「親子式」にする着眼は、世界中のメーカーが研究にとりかかっておりますので、実用されるのは時間の問題でしょう。1945年の沖縄戦のとき、《単機のカミカゼなら艦固有の防空火力で対処できる。しかし、いちどに3方向から来られると、どうしても1機は撃ち漏らす》——との、米海軍の駆逐艦長の証言が残されています。現代の対艦攻撃型の低速ドローンでも、たとえば1機の固定翼の「親」無人機が、敵艦からの絶妙の間合いで2機の「子機」を分離放出し、同時3方向からアプローチする段取りにしたならば、敵艦のレーダーと指揮コンピュータには最大限の負荷をかけ、SAMを費消させ、大型艦のレーダーに子機を命中させて「ミッションン・キル」（船体を沈めぬまでも、その艦艇の本来の機能を果たせない状態にする）を達成できるでしょうし、小型の揚陸艇クラスであれば、「親機」の衝突衝撃と燃料の炎上作用で、「プラットフォーム・キル」（船体撃破）を達成できるでしょう。

2023年5月30日の報道によりますと、英国のあるシンクタンクの見積りとして、ウクライナ戦線は総延長が1200km も続いているが、その任意の「10km幅」の中に、ロシア軍とウクライナ軍がそれぞれ、25機から50機のＵＡＶを互いに飛ばし合っているそうです。また同じシンクタンクは、ロシアは長射程ＳＡＭを月産40発製造できるだけなので、毎月40機を超えるドローンでモスクワを空襲し続けるのが合理的戦略だ、とも推奨しています。

西側製の戦車も、現代戦場では生き残れなかった！

２０２３年６月９日、誰もが知りたかった疑問に、答えが与えられました。ウクライナ軍に供給されていたドイツ製の「レオパルト２Ａ４」主力戦車も、ロシア軍の野砲の間接射撃により、あえなく破壊されてしまうらしいことが、ＳＮＳにロシア軍が投稿したドローン俯瞰《ふかん》動画によって推定可能となったのです。すなわち、戦車の主砲用の弾薬を、西側流に砲塔後部の弾庫内に密閉格納していたとしても、野戦重砲の至近弾の衝撃波によって、内部に火災が起きるらしいのです。

ということは、ロシアと中共は、これから開発するＡＴＧＭやロイタリング・ミュニションの充填炸薬量を７kg以上（だいたい十五榴相当）にしておくだけで、ＨＥＡＴにもタンデム弾頭にもする必要なく、西側陸軍に対抗できる可能性が出てきたと考えられるでしょう。世界的な爆薬・火薬不足で、今後、コストが高止まりするようでしたら、サーモバリック（気化爆薬）一択かもしれません。

6月24日のＡＦＰの報道によれば、ウクライナ国産の手投げ式・固定翼の偵察ドローンは、６００万円弱で製造されており、それをだいたい20回飛ばすと、撃墜されてしまうそうです。その運用高度は、カメラ性能の制約から、１０００ｍより高くはできないのが、泣き所だとのことです。

２０２３年7月15日のある記事は、本年晩春の乾季の始まり以来、さんざん期待をさせた、ウクライナ軍によるドンバス〜クリミア奪回作戦が、あっけなくも頓挫したという真相を読者に教えています。

ザポリッジア戦区では、ロシア軍の設けた地雷原が、縦深が3マイルから10マイルにもなっていました。《地雷大国》である敵にわざわざ何カ月も陣地を強化する時間を進呈したのですから、そうなっていたとして、何を驚くことがあるでしょうか。

地雷が一定の密度を超えて埋設されていますと、ＡＦＶは遅かれ早かれ地雷を踏んで足を止められます。止まったところに敵軍は砲撃を集中する。擱座したＡＦＶは回収できず、遅かれ早かれ、完全に破壊されるのです。そうなるのがわかってしまうと、もはや規律の緩い軍隊は、下級指揮官が車両を前へ出そうとしなくなります。

ロシア兵も馬鹿ではありません。地雷原を啓開するためのウクライナ軍の特殊装備が前線に現れたら、最優先でそこへ特攻ドローンを差し向け、砲撃を集中させます。上空の偵察用ＵＡＶからは、まるわかりなのです。

戦車や装甲車の乗員が、それぞれ、小隊、中隊、大隊、連隊単位での連携要領をみっちりと会得する時間も、新しい装備品を数カ月前に貰ったばかりのウクライナ兵に、あるわけがありません。

これは２０２２年の春季にも言えたことです。敵が地雷を仕掛けられない泥濘《でいねい》期（融雪期）こそ、機甲戦力で劣勢のウクライナ軍が全線で歩兵や軽車両／オートバイ中心の浸透作戦を敢行する好機であるのに、ゼレンスキーが、西側から援助されそうな少数の戦車などに小学生じみた過剰な期待をかけて、自国の稀少な人材（将兵だけでなく、後方支援担当の能吏《のうり》を含む）をそちらへ優先して割いてしまい、かけがえのない数カ月の時間を徒費し、敵には対抗準備時間を進上し、いざ蓋を開ければ、縦深の大きな地雷原を数点で突破して敵陣のすぐ後方で包囲機動を仕掛けるなどといった、高度にコーディネートされる必要のある広域作戦を遂行できるような力量は、ウクライナ軍の俄か編成の《機械化旅

陸自水陸機動団（長崎）が装備するオフロード四輪車。車幅は1625ミリ。重量はジムニーの22年型よりも171kg軽いのだが、不整地踏破能力は市販の四輪自動車を凌駕する。浮航能力は無い。（写真／I.M.）

団》には、薬にしたくとも無い実態が明らかになっただけでした。

そのレベルの軍隊にふさわしい装備とは、第二次大戦後半のソ連軍がそうであったように、多連装の地対地ロケット弾や、迫撃砲だったのです。精密性の欠如は、クラスター弾頭、サーモバリック弾頭、空中炸裂用信管（迫撃砲弾の場合、安全装置を兼ねた優れたメカニカル信管が今やそれを実現しています）によって補うことができたはずでした。その弾薬と火工品、および、それを軟弱土壌を越えて運搬できるトラック／オートバイ（ATV、サイドカー）類こそ、2022～23年のウクライナ軍が、西側から援助される意義が大であったアイテムだったのです。近現代の《総力戦指導史》に昏《くら》いゼレンスキーが、自国には分不相応な西側製戦車や戦闘機を選好したツケは、ウクライナ国民にとって、高くついていているように見えます。

2023年7月20日の報道によりますと、前年の11月にウクライナの国営兵器廠の幹部が「レンジ1000㎞の片道特攻ドローンを量産する」とマスコミ発表していたのですが、じつはそれが正式のプロジェクトにもなっておらず、今の今まで、何もして来なかったというスキャンダルが、明らかになりました。

これは2024年12月、バイデン政権の終焉にあたり、ジェイク・サリヴァン補佐官が暴露して「絵」が見えてきたのですが、米国はこのときCIA職員をウクライナに派遣して、ATACMSよりもリーチの長い戦略級の片道自爆無人機を国営会社に大量製造させようと、相当の梃子入れをしていたのです。しかし腐敗癖の抜けないウクライナ政府が、その期待を見事に裏切ったのでした。まあ、こういうルーズな国家だから、すべてのレベルに隙があって、それで、そもそも2014年にプーチンが「楽勝だ」と考えるようにもなったのでしょう。

戦争指導者層に、こうしたレベルの人物・人材しか見いだせない国民が、みずから招いた苦難を舐《な》めさせられているのが、ウクライナ戦争の本質です。

戦略報復兵器を援助してくれる外国など、どこにもない

長距離型の特攻ドローンは、もし自国で製造しなかったなら、中立国や友好国が気前よく売ってくれたり、まして、現物援助してくれることなど、あり得ません。なぜなら、それを提供した第三国が、戦争中の侵略国（往々、グローバルな強大国です）から逆恨みを買うことは必定だからです。そんなことは、最初から知れきった話でしょう。ゼレンスキーは、「シャヘド136」のコピー版こそ、自国内で賄うほかにない典型的な品目のひとつだと見極めて、最優先で国産計画を推進させていなくてはいけなかったのです。

2023年7月21日の報道によると、最近の残骸の調査から、すでに「シャヘド136」はロシア

国内で量産がスタートしていることがハッキリしました。イラン製のオリジナルとの違いが、いくつも認められています。ロシアの技師たちは、量産性を追求するために、オリジナルにいろいろと改良を加えているようでした。

2022年以降、全欧の町工場でも大量生産がただちに可能だった迫撃砲（弾）やロケット弾に徹底して集中をして援助をしていたなら、その物量の力で、2023年春の泥濘期に、ウクライナはドンバス～クリミア方面の失地を少なからず取り戻せたかもしれない――と、私は考えます。その弾薬・需品の運搬手段も、西側の工場において毎月10万台単位で製造されていた、デュアル・ユースの自動二輪車（それを現地で簡易なサイド・カーに仕立て直せることは、フィリピンのタクシー業界が見本でしょう）や全地形対応型バギー車が、そっくり役に立てられたでしょう。しかし西側各国のハイテク兵器メーカーは、とうぜんそんな地道な援助などは考えません。彼らは、このウクライナ戦争を、自国開発の最先端兵器の実験場にするチャンスに色めき立っていました。多種の、そして少数の、最先端の地対空ミサイルが、競って持ち込まれています。ゼレンスキーはそれを大歓迎しました。しかし、ざんねんながら、地対空ミサイルでは戦争には勝てないのです。

2023年8月15日には、ドローン戦争は果たして効率的な戦争なのかどうかを検証する記事が出ています。

ウクライナ軍は2023年末までに、総計20万機のUAVを取得するでしょう。その無人機の単価は、平均して2500ドルです。それは、安い買い物である、と記事は説きます。

従来、戦争では、1人の敵兵を殺傷するのに、数百発の砲弾が費消されています。また、小銃や機関銃の実包について統計をとれば、従来の戦争では、1人の敵兵を殺すのに、10万ドルに相当する小銃弾薬を撃ちまくる必要がありました。

今日の小型UAVは、固定翼型もマルチコプター型も、オープン・ソースの「フライト・コントローラ」回路で飛んでくれる。そのプリント基板はUAVの数だけ必要だから、海外市場調達だけに頼っていると長期戦の需要を満たせない。ウクライナは開戦から2年後に内製化を達成した。品番は「VYRIY F405V2」という。（写真／Militrnyi）

それを考えたなら、たとい1機が1万ドルするとしても、ロイタリング・ミュニションの方が、旧来の砲兵や歩兵よりも、ずっと安価に戦果を出してくれるわけです。

8月17日の報道によりますと、プーチンは2025年夏までに「シャヘド136」を6000機、内製させようとしていて、退役したFSB将校がその総監督に任命されたということです。その主な工場は、モスクワから500マイル東にあるタタルスタン州に設けられ、ライン長たちは全員、パスポートを取り上げられて、国外へは逃亡できなくされているとか……。

興味深いのは、機体の見取りコピー（イランは技術移転を嫌っているので、ロシアで独自に図面化）は進んでいるのですが、エンジンは引き続いてイランから輸入せねばならず、また、フライト・コントローラなどの電子基盤に必要なチップは、西側製を海外の闇市場から手に入れるのだそうです。

２０２３年９月22日には、ウクライナ軍の、ドローンを使った特殊作戦を仕切っているブダノフ中将のインタビューが、軍事系ウェブサイトに掲載されています。

今次戦役において、地雷とＦＰＶ特攻機が遍在するようになった結果、ＡＦＶをふくむ車両部隊による地上突破は、どの軍隊にもできなくなった――という示唆は、無視できません。

ロシア軍のワグネル部隊は、支援砲兵に弾薬をふんだんに発射してもらうことによって、ＡＦＶ無しの、歩兵だけの前進も可能であることを、５月21日のバフムトで立証しました。しかし今次戦役での歩兵の攻勢は、人的資源をハイペースで擦り減らすスタイルにならざるを得ないことも確認されており、ロシア軍と同じことをウクライナ軍が繰り返すだけならば、人的資源の分母で劣ったウクライナ側が先に力尽きてしまうことは必定である、と中将は言います。

最前線から90㎞以上遠くに置かれた、敵の弾薬貯蔵所とコマンド・ポスト（野戦指揮所）を精密に打撃できる、地対地弾道弾が、数百発単位で供給されることが、今のウクライナ軍にとっては、理想的です。弾薬貯蔵所を遠ざければ遠ざけるほど、そこから最前線まで弾薬を運搬しなければならないトラックの負荷が増え、運搬の途中でドローンで破壊してやりやすく、結果として最前線でのこちらの火力が優勢となり、最前線のロシア兵は退却するしかなくなるでしょう。コマンド・ポストの破壊は、敵の砲兵の効率的な運用を不可能にし、指示なしでは動けないロシア兵の後退タイミングを手遅れにして、大量に捕虜にする戦果につながります。つまりは、人命消耗競争のパターンを打破することができるからです。

ボール紙製の特攻無人機も登場！

2023年10月6日の記事によりますと、豪州のSYPAQ社は、同年年3月以来、毎月100機の厚紙製ドローンをウクライナに納品していて、その単価はおよそ3169米ドルだそうです。同社の片道自爆型固定翼UAVは、胴体内に「MON-50」という3kgの指向性破片爆薬（ロシア版のクレイモア）をユーザーが取り付けて、電動ながら120km も飛んでくれるのです。無線で起爆させるスイッチは主翼内にインストールされていて、敵兵の頭上はるか高い中空で、轟爆させるようになっています。9月からは、この機体をウクライナ国内でも生産し始めました。

2023年10月13日、世界が耳をそばだてましたのは、22年2月の今次事変勃発いらい初めて、ウ

FPV ドローンをどこまで安価に大量に補給できるかの競争が始まっている。豪州のメーカーは、このようなボール紙の DIY キットでも自爆攻撃の役に立つことを実証した。（写真／2023 年・SYPAQ 社）

クライナ軍が１日に発射する砲弾の数が、ロシア軍のそれを上回ったらしいという推計が出たためです。

さかのぼりますと、２０２２年３月から４月にかけては、ロシア軍は１日に７万発から８万発の砲弾を発射していました。それが５月には、１日に６万発に減ります。「１日６万発」は、ロシア軍にとっての「閾値《しきいち》」をなしており、それ以下では、歩兵たちは攻撃局面において味方砲兵から不十分な火力支援しか受けていないと実感するそうです。

２０２３年１月時点でロシア軍は１日に２万発を発射していました。が、まもなくして１日１万５００発に低下。23年の夏には、１日に１万２０００発になり、同年10月から12月には、１日に平均７０００発にまで減ってしまいます。それに対してウクライナ軍は９０００発を発射することができていましたから、10月13日に、《砲弾発射数の逆転》の発表がなされたようです。

この砲弾飢饉の背景には、ロシアのトラック不足も関係しているのではないかと分析されたものですが、さすがにロシアは容易な敵ではありませんでした。彼らは、国内の古い弾薬在庫を総ざらえにし、北朝鮮からも砲弾を輸入するなどの必死の努力で、再び、優越的な砲弾補給量を回復して行くのです。裏を返しますと、2022年2月以来の、西側各国の砲弾増産の本気度が、ロシアに比べて低すぎたと評せましょう。

2023年10月17日、ウクライナのドローン兵器開発者が、すでに全自動攻撃を一部で実施させていることを認めた、という記事が出ます。

ターゲットの発見から攻撃まで機械に任せてしまう「自爆ドローン」のアルゴリズムは、2020年、リビアの内戦に、初めて出現しました。トルコ製クォッドコプター「KARGU-2」の機体正面向きにクレイモアのミニチュア版がとりつけられていて、ハフター軍閥の歩兵の目の前まで降りてきて自爆したのです。

2023年10月22日、ウクライナの軍事メディアが、同軍の退役将校にインタビューした記事が公開されました。彼の結論は、いまウクライナ軍がいちばん必要としているAFVは、戦車ではなくて、ドイツ製の「マルダー」や米国製の「M2ブラドリー」といった、重IFV（歩兵戦闘車）だということです。

最前線では、末端の兵隊も、軍の高官も、「M2ブラドリー」を絶賛しているそうです。重IFVは、そこにたった1両しかなくとも、その乗員の訓練が低レベルでも、あればあっただけ、確実に味方の兵士の命を救っていると評価されています。

重IFVに比べますと、戦車がどうもいけません。数十両ばかりの少量の戦車を貰っても、それで戦線の膠着を破る役には立たず、整備は大手間で、サポートのための人員とトラック車両類の負担は、兵員用装甲車の何倍もたいへんだからです。今のウクライナ戦場が切実に必要としているものではなく、むしろ他の有益アセット整備の邪魔をしている存在になっているのです。戦車のために割かれてしまっている手間とカネと人とは、IFVに集中したほうが、はるかに良い。IFVは、大量でも少量でも、素人兵が扱っても役に立ち、良いことしかないそうです。

2023年11月22日の記事によれば、FPVドローン戦力は、数の上で、ウクライナ軍側がロシア軍側の3倍優勢になっています。しかし、これからはわかりません。

大型のヘクサコプターやオクトコプターは、荷物を吊るして10km進出して、荷物を置いてまた10km戻って来られます。途中で故障や妨害があっても、戻ってきます。値段は小型機の10倍以上するので、もったいないので自爆攻撃には使えません。それに対し、FPV特攻機たる小型のクォッドコプターは、片道5km以内で使い捨てる必要があります。

現代国家は砲弾をマスプロし難い理由がある

2023年11月24日に出た英語媒体記事では、なぜ西側、なかんずく米国は、砲弾の供給量でとっととロシアを圧倒してしまえないのか——について、解説がされています。戦前と違い、今は民間企業の経営幹部は「在庫」を抱えると無能であると株主から糾弾されてしまい、重役ポストから逐われてしまうのです。経営陣は、最低コストで製造することによって会社の株価を最も高く維持しなければならず、そのためには、倉庫代が発生する上、資産課税もされてしまう余計な「在庫」など、いささかも許されなくなっています。それに、軍需メーカーが、国外の誰に対しても武器弾薬を売ってよい時代も、遠い過去の話。ですから、不確実な見込みに基づいて増産をしようとしても、許されないのです。もしも、増産のための設備投資をしたあとで、ウクライナ戦争が急に終わってしまったら、その経営幹部は株主に対して責任を取らねばならないでしょう。そんなわけで、開戦から3年が過ぎている今も、西側における弾薬の大増産は、はかばかしく進展していないわけです。

11月30日の記事によりますと、ウクライナ軍の歩兵旅団は今、1000機のFPVドローンを必要とするようになり、ひとつの運用チームは連日、FPV特攻機を15機ずつ消耗しているそうです。そして、これほどドローン攻撃が一般化しても、まだ「迫撃砲」は有益だそうです。霧、雪、豪雨など

建物用のコンクリートから爆薬類まで、今や３Ｄプリンターで出力できる時代だ。ウクライナ戦線に供給すべき砲弾の増産が諸外国において急には間に合わぬのなら、ロケット弾をコンクリートで造ってしまうという発想があってよいはずだ。精度の低さを補う方法もいろいろある。（イラスト／Y.I. with AI）

の不順な天象時にも、迫撃砲は頼りにできるためです。

２０２３年12月６日の記事によれば、ウクライナ戦線では、わずかでも高い場所が、ＦＰＶドローンの操縦チームにとって、貴重になっています。リモコン基地局を高いところに位置させておけば、ドローンを低く飛ばしても、デジタル無線リンクが地形や地物のために途切れてしまう、致命的なトラブルが減るからです。

２０２４年１月20日、ロシア軍の現役スペッツナズ隊員らしき人物のＳＮＳ投稿によりますれば、ウクライナ戦線では、3カ月くらいで交互にEW（電子戦）を進化させているのだそうです。新式のFPVドローンがデビューして優勢になるや、その電波を阻害してやるEWを相手軍は3カ月くらいで前線に持って来ます。それが繰り返される。ですので、常に最新のEW対策を研究し続けませんと、せっかく大量生産した自軍のドローンは、ただのジャンクの山になります。しかるにロシアの国防省と軍需産業は、共産党時代の「5カ年計画」の悪弊で、ずっと前に決めた仕様で、半年でも1年でも生産を続けさせようとし、ノルマ量を達成すれば質とは無関係に褒賞する、硬直した「計画経済」に陥りがちだ――と難じています。

この話を聞きますと、ウクライナ国内に、同じモデルのドローンを大量生産する工業の大動員体制が無いことも、あながち、非難はできなくなるでしょう。多様なモデルが少量ずつ製造されて行くことが、進化論的には正しい流儀なのかもしれないからです。

電子妨害を無効化する「マシン・ヴィジョン」

2024年1月22日には、『StrategyPage』というウェブ・サイトに、「マシン・ヴィジョン」について解説した記事が初めて出ました。匿名記者によれば、もともとは、ベルト・コンベイヤー上を流れてくる製品の不備をカメラが瞬時に見抜く技術として、1980年代から発達してきたのだそうです。そしてウクライナ軍は、もう2023年から、これを応用したソフトウェアを自爆UAVに搭載し始めていた、と記事は述べています。これを仕込まれたUAVは、ビデオカメラからの入力情報の中から、地上にあるロシア軍の自走SAMなどを自律的に画像識別して突入しますので、もう、リモコン電波に敵がいくらEWをかけようと、突入を阻止することはできません。

2024年3月1日には、ウクライナの軍需工業省の副大臣がインタビューに答えた『フォーブズ』の記事が出ました。前年の12月には、ウクライナ国内で組み立て製造されたFPVドローンの数は5万機（そのうち4万5000機は、ひとつの工場から）だったのですが、今の月産機数はその2倍に達しているそうです。このペースで行ったら、年末までに100万機が製造されるでしょう。ウクライナには、零細なUAVの組み立てラインが200拠点以上も散在していることもわかりました。

3月20日、いよいよ、ウクライナのFPVドローンが、「マシン・ヴィジョン」の技術要素である「空中ロックオン」のアルゴリズムを使っている証拠と考えられるビデオが公開されました。別な記事は、ロシア国内でも、FPVドローンの終末誘導を自律で実行させるための「マシン・ヴィジョン」とよばれるソフトウェアを各所で必死に開発している模様が伝えられています。さすがに、その基盤に載せるマイクロチップはことごとく輸入品で、中共製のグラフィック・プロセッサーが頼りにされているようです。

4月9日の『フォーリン・ポリシー』の記事によりますと、直近の数週間、ウクライナ戦線で破壊されたロシア軍AFVの6割以上が、FPV特攻ドローンにやられたものであるそうです。これはウクライナ軍の損害についても同様で、せっかく米国からウクライナ軍に供与された「M1A1エイブラムズ」戦車は、ロシア軍の自爆ドローンの前にただじたじとなり、全滅を回避するために、後方に引き退げてしまった――という話です。

4月11日の記事では、あるグループが、《250ユーロで製作されるわれわれのドローンが、1発7万ユーロの米国製対戦車ミサイル「ジャヴェリン」と同じ戦果を挙げてみせている》と胸を張っています。

4月29日には、ウクライナ軍が運用する、兵隊ふたりで抱えて運ぶサイズの重量級マルチコプター「Vampire」の詳しい紹介が記事になっています。重さ10kgの対戦車地雷である「TM-62」を運搬させ、前線のずっと奥、ロシア軍車両が往復する補給道路に仕掛けているのです。この地雷は、信管をとりかえれば、そのまま投下爆弾にすることもできますし、タイマーと組み合わせて、敷設後、最大で14日経過したときから活性化する地雷にもできるそうです。タイマーを使えば、敵が、エアロゾル爆薬などで「啓開」を試みても、信管がスリープしているうちは、殉爆しません。

さらに記事によりますと、「ジャイロスコープ、加速度計、磁探」を組み合わせることもできるのだとか。これはおそらく、２０１０年代以降、ハードウェアもソフトウェアもオープン・ソースとして発展を続けている、たとえば「ArduPilot」といった、小型無人機用の市販のFC（フライト・コントローラ）基盤に、最初から付属している、振動式ジャイロと加速度計、そして追加の容易なチップ内蔵式の磁気コンパスを流用した複合センサーのことではないかと思われます。すなわち、敵の車両が地雷を直接に踏まなくとも、近くを通って振動と磁気変化が同時に感知されれば轟爆する、海ではおなじみの「磁気機雷」と同じ回路なのでしょう。

こういうものがあるのなら、なぜ鉄道妨害用に役立てないのだろうかと、私などは思うのですが、その謎は、本書を執筆している２０２５年２月時点で、いまだに解かれておりません。

２０２４年７月１日には、なにゆえにウクライナ軍は、自爆型のヘクサコプター（６軸マルチコプター）を頼りにしているかの解説記事が出ています。

それによりますと、敵軍が隠れている塹壕や建物を爆破するためには、爆薬が５kgはないと、期待した効果を得られぬそうです。となると、ホビー級のクォッドコプターでは、どうにも運搬力が足りません。

敵兵が拠点化している家屋を攻撃するときは、２機を飛ばします。まず１機が屋根で自爆し、「通路」をあけます。続いてその穴から、サーモバリックを抱えた２機目がくぐりぬけて、内部で自爆するのだそうです。この任務用の《重ドローン》は１機が９８４米ドルほどしますが、すでに１００

機、寄付されているそうです。

7月28日の記事によりますと、もっかウクライナは毎月5万機のFPVドローンを戦線へ送り込みつつあり、それに対してロシア軍は毎月30万機を製造して補給しているということです。この数量比が反映しているのか、複数の戦線でロシア軍が前進中であることが25日くらいから隠せなくなってい

最前線の軍用車両を走らせるための油脂需品は、タンク列車で戦線近くの兵站基地まで推進し、そこからタンク・ローリーに積み替える。燃料が届かなければ、AFVだけでなく、砲弾を補給するトラックも動かない。ゆえに敵軍後方の鉄道を破壊する努力は終始継続するべきで、途中で手を休めてはならない。(写真／2023年・ウクライナ国営特別運輸局)

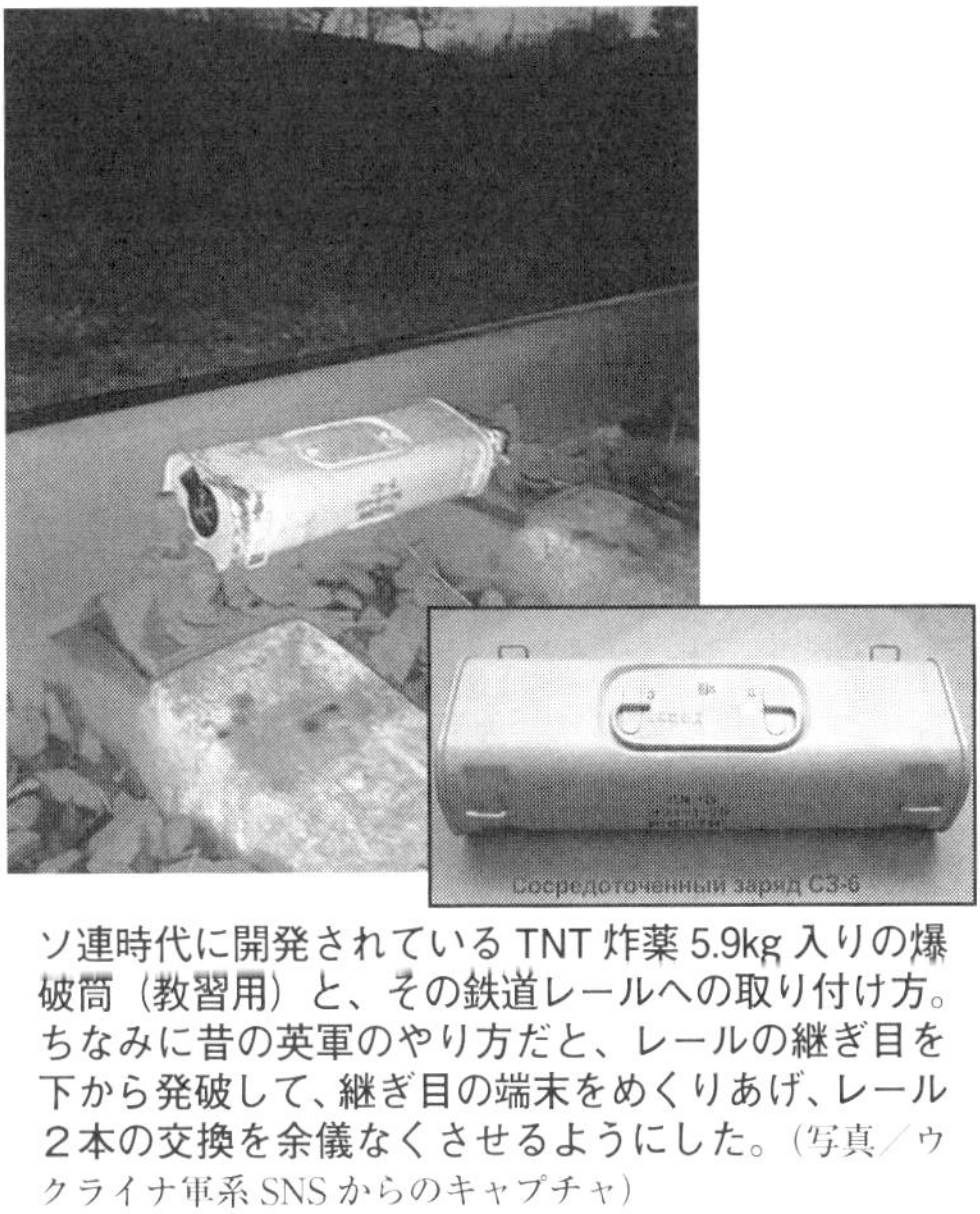

ソ連時代に開発されているTNT炸薬5.9kg入りの爆破筒（教習用）と、その鉄道レールへの取り付け方。ちなみに昔の英軍のやり方だと、レールの継ぎ目を下から発破して、継ぎ目の端末をめくりあげ、レール２本の交換を余儀なくさせるようにした。(写真／ウクライナ軍系SNSからのキャプチャ)

ます。

9月16日の記事は、ドローンの普及が戦争流儀を変えた、と言います。今、最前線のウクライナ軍は、ロシア軍占領エリア内に縦深20kmまで、自前のFPV自爆ドローンを送り込めます。これが砲兵の「有効射程」ならぬ「有効ドローン覆域」となり、最前線のロシア軍将兵へは、後方から飲用水すら前送されてこなくなってしまった——といいます。

かつての航空作戦には、BDA（爆撃加害評価）がつきものでした。自軍機が投弾したあとからふたたび写真偵察して、爆撃の効果がどれくらいあったのかを判定しないことには、次の手は決められませんでした。それが、2022年以降のウクライナ戦争では一変しています。ドローンを同時に2機以上飛ばしてやれば、BDAも即時に済んでしまうのです。屋根付き倉庫の内部や、地下トンネルすら、ドローンが覗き込んで、確かめてくれるようになりました。

クォッドコプター型のFPV自爆ドローンは、双方とも、炸薬を500グラム程度抱えさせることができて、1機のコストも500ドルくらいですが、夜間作戦用にナイト・ヴィジョンをとりつければ、単価は2倍以上になります。

10月11日のウェブ・メディアには、ドローンの消耗についての米陸軍の認定値が紹介されていました。歩兵小隊に使わせるレベルのドローンは、平時の訓練だけで、毎年、装備させた定数の25％は損耗してしまうそうです。

ウクライナ戦争はすでに、無人の武装地上ロボット兵器と、無人の航空機が連携して敵陣を襲撃する段階にまで到達した。この趨勢に、後戻りはないだろう。（イラスト／Y.I. with AI）

２０２４年11月３日の報道によりますと、ウクライナ軍のひとつのドローン大隊（それは旅団の隷下単位です）は、毎月、３０００機のＦＰＶドローンを消費しているのですが、そのすべてが、今や、ウクライナ国内でアセンブルしたものなのだそうです。西側から貰ったり、海外市場で調達された「完成品」は、ロシア軍のＥＣＭに遭えばたちどころに機能しなくなってしまいます

無人オートバイが登場するのも時間の問題だ。が、１輪のタイヤそのものが自走し自爆するロボット兵器は、まだ試作品すら知られていない。塹壕の攻防、鉄道破壊、そして渡河作戦時の橋頭堡の攻撃に、重宝することだろう。（イラスト／Y.I. with AI）

ので、もう用が無いそうです。

この記事によれば、対露戦線では刻々と技術が新しく進展していて、その実態を把握していない国外メーカーには、ついて来られないのです。ですので、西側諸国は、ドローンの完成品を送る資金があるのなら、むしろ、その分のハード・カレンシーをそのまま援助してくれた方が、助かるといいます。ウクライナ国内には２５０以上のドローン製造拠点がありますから、運転資金さえ補充してくれれば、そこで役に立つドローンをたくさんこしらえることができるのです。

12月13日の記事によりますと、２０２４年1月から11月までに、ウクライナ軍は、１２０万機のドローンを受領したそうです。そのうち6万機は、固定翼の長距離型特攻機で、それが石油精製プラントや弾薬貯蔵倉庫を執拗に空爆しているおかげで、ロシア軍砲兵が発揮し得る火力が有意に逓減されているといいます。

光ファイバーを10㎞繰り出しながら飛べるＵＡＶ

２０２４年12月21日の報道は、有益な示唆を含んでいます。

ウクライナ国内では、有線誘導式のドローンを２０２３年夏から試験飛行させ、24年3月には、実戦で試用してみました。ロシア軍が有線誘導式のＦＰＶドローンを使い始めていることは、24年3月に墜落機が鹵獲《ろかく》されて、確認されました。そして12月までに、クルスク戦線で多用されるようになったのです。

今、ウクライナ国内の軍需関係者は後悔しきりだそうです。有線式がこれほど有望だとは思わずに、開発資金の積極配分を怠ってしまったからです。そのせいで、ロシア軍に先を越されてしまっているのです。

兵頭が思いまするに、「マシン・ヴィジョン」の熟成が早ければ、FPVドローンを有線にする必要はなかったわけなので、彼らのリアル・タイムの判断を、外野から批難することはできないでしょう。こうしたことは、ありがちなのです。このような競争で後悔しないためには、「進化論」ににじぶんたちを合わせるほかはありません。

常に複数の競争馬に同時に賭けておいて、実戦場で、他よりも抜け出したように見える候補を、そのつど、後押しするしか、方法はないのです。なぜなら、相手のあることなので、どれが果たして調子よく抜け出してくれるのかは、決して事前にはわかりません。ゆえに、ひとつの馬だけに賭け続けることは、愚かなのです。

2024年12月21日、またしても世界の耳目をそばだたせる新事態が、公表されました。ウクライナ軍が、生身の歩兵も戦車兵も前へ出すことなく、FPVドローンの掩護下に数十台の無人戦車（機関銃装備）で敵の塹壕陣地を強襲したというのです。場所は、ハルキウ市の東郊です。

あとがき

　このごろ、食料品を買いにスーパーマーケットに入りますと、広い売り場をスロー・モーションのように買い回っている客たちが皆、老人ばかりですので、SFホラー映画の1シーンに臨場したかのように意識されることがあります。しかし帰宅後に思い当たるのです。私もまたそれら老人ゾンビ集団の、にわかエキストラの1人だったのに相違ないと。

　古今東西の軍隊のことや戦争のこと——より体裁よく言うならば「安全保障」「国際政治」——を、教科書式にまとめてくれている書籍。

　そうした広く参考にされ得るテキストにとっても、困ったことがあるはずです。現実に生起する最新の戦争のありさまが、いつも専門家たちを驚かすのです。

誰も時間には勝てません。また、昔ギリシャのヘラクレイトスが言った通り、「万物は流転」していて、世界は変化を止めません。

かつてわたしは、AIが「ニセ論文」や「ニセ記事」を無限に生成する未来を漠然と憂えていました。ですが、このごろでは、リアルの政界の公人が規範を踏み破ってしまう能力を下算していた、と反省しきりです。

「過去にはこんなこともあったのだけれども、今後はもうないだろう」と思われた——あるいは識者が期待をもって語った——古い争乱の構図も、じつは死んでいなくて、しぶとくリバイバルしていますね。

これから先、人々が意表を衝かれる侵略や騒擾《そうじょう》が世界の各所で起き続けることだけが、確からしく感じられます。

内外環境のピンチを逆に勝利のきっかけに転換させ、最大多数の日本人を幸せにしてくれるような人物がわが国に輩出することは、果たして、あるでしょうか?

せめて、わが国の諸分野の指導者層の方々には、敵の宣伝工作にのせられて、悔いを千載に残すといった不敏な展開だけは回避して欲しいと、願われてなりません。

なお、2022年から本格化した《ウクライナに対するロシアの侵略戦争》を、「ドローンの進化の軌跡」に焦点を当てて振り返る作業は、分量が膨らんでしまいましたので、近々、それだけを別に1冊にまとめた本にする予定です。どうぞご期待ください。

兵頭二十八　謹識

令和七年三月

兵頭 二十八（ひょうどう にそはち）
1960年長野市生まれ。陸上自衛隊北部方面隊、月刊『戦車マガジン』編集部などを経て、作家・フリーライターに。既著に『有坂銃』（光人社ＦＮ文庫）、『米中「ＡＩ」大戦』、『自転車で勝てた戦争があった』（並木書房）など多数。現在は函館市に住む。

世界の終末に読む軍事学
―パズルのピースを埋めておけ―

2025年４月15日　１刷
2025年４月25日　２刷

著　者　　兵頭二十八
発行者　　奈須田若仁
発行所　　並木書房
〒170-0002 東京都豊島区巣鴨 2-4-2-501
電話(03)6903-4366　fax(03)6903-4368
http://www.namiki-shobo.co.jp
印刷製本　モリモト印刷
ISBN978-4-89063-457-6